BO SÖDERSTRÖM

Wie denkt deine Katze?

MENTOR VERLAG

Inhalt

Vorwort

DIE IDEE ZU DIESEM BUCH kam mir an einem Samstag Anfang 2015, als ich im Radio eine Büchersendung hörte. In der Sendung wurde in die Zukunft geblickt: Welche Titel werden den Buchmarkt erobern, wenn das schwedische Krimiwunder abklingt? Es hieß, das Interesse an Büchern über unsere Haustiere und ihr Verhalten wachse. Am selben Tag berichtete die schwedische Tageszeitung *Dagens Nyheter* von einer niederländischen Studie über die Faszination von Katzen für leere Pappkartons. In den sozialen Medien war das der meistgeteilte Artikel an dem Wochenende. Mir kam der Gedanke: Warum nicht ein Buch schreiben, das die Forschung über das Verhalten von Katzen zusammenfasst? Meine Voraussetzungen konnten nicht besser sein. Ich habe den Vorteil, fast mein ganzes Leben mit Katzen verbracht zu haben. Außerdem bin ich als Wissenschaftler und Biologe daran gewöhnt, die Quintessenz aus der schwer verständlichen Sprache zu ziehen, die Forscher verwenden. Mir ist es wichtig, dass die Forschungsergebnisse für die Allgemeinheit zugänglich sind.

Über die Hälfte der westlichen Haushalte hat ein Haustier. In Europa und den USA hat die Katze den Hund als häufigstes Haustier abgelöst. 2012 gab es 90 Millionen Katzen in Europa und 74 Millionen in den USA. Unsere Faszination und Bewunderung für Katzen ist grenzenlos, was nicht zuletzt die zahllosen Katzenbilder und -videos im Internet beweisen. Es ist nicht immer einfach, das Verhalten der Katze zu verstehen. Doch mir hat es sehr viel Spaß gemacht, über die vielen Facetten der Katze zu schreiben, und ich hoffe, dass meine Freude im Buch spürbar wird.

Bo Söderström

Einleitung

„KATZEN SIND, WIE SIE SIND, und benehmen sich, wie sie wollen", schrieb die schwedische Lyrikerin und Literaturkritikerin Aase Berg in einer Kolumne über die Rolle der Katze in der Literatur. Wir Menschen versuchen zu verstehen, wie die Katze die Wirklichkeit wahrnimmt. Wie denken Katzen eigentlich? Sind sie zahm oder wild? Die Faszination für Katzen teilen wir mit Autoren wie Werner Aspenström, T. S. Eliot und Doris Lessing. Besonders Lessing war eine scharfäugige Beobachterin des felinen Benehmens; ihre Schilderung, wie der alte Kämpfer Rufus seinen Platz zwischen den anderen Katzen in ihrem Zuhause findet, ist ein großes Lesevergnügen.

Wie bei vielen anderen Katzenliebhabern findet sich eine ansehnliche Menge Bücher über das Verhalten von Katzen in meinem Regal. Warum dann noch ein Buch über das Thema? Die meisten Bücher über das Verhalten von Katzen gründen auf den Erfahrungen des Verfassers und darauf, wie sein Liebling sich verhält. Aber Katzen sind nun einmal Individuen mit einem Benehmen, das sich von Katze zu Katze enorm unterscheidet. Deswegen ist es sinnvoller, die Ergebnisse von kontrollierten Studien zu den Verhaltensweisen *verschiedener* Katzenindividuen heranzuziehen. Sie zeigen deutliche Verhaltensmuster auf, die mit genauen Untersuchungen belegt wurden. Deshalb brauchen wir dieses Buch.

Wir sitzen auf einer Goldmine von Verhaltensforschung zur Katze. Mit einer einfachen Suche in der weltgrößten Datenbank für wissenschaftliche Literatur (Web of Science) findet man massenhaft Artikel darüber, warum Katzen tun, was sie tun. Aber leider verlassen diese Ergebnisse nur selten den wissenschaftlichen Elfenbeinturm. Wissenschaftler schreiben meistens für andere Wissenschaftler – und das in einer komplizierten, für Laien unverständlichen Sprache. Dass es bei der Allgemeinheit einen enormen Wissensdurst nach den Ergebnissen dieser Forschung gibt, zeigt auch die Durchschlagskraft der aktuellen Katzenforschungsartikel in der Tagespresse.

In diesem Buch werde ich die spannendsten Forschungsergebnisse auf einfache Art darstellen. Ich gebe dir praktische Tipps, wie du und deine Katze noch besser miteinander auskommen könnt. Zum Beispiel erkläre ich, wie man die Katze streicheln soll, damit sie sich ganz besonders wohlfühlt, und wie du vermeidest, dass dein Liebling die guten Möbel zerkratzt. Ich hoffe, dir meine Faszination für die Geschichte der Katze und ihr Anpassungsvermögen für ein Leben mit dem Menschen vermitteln zu können. Hat der Mensch die Katze domestiziert oder war es die Katze selbst? Wie gefährlich ist das Raubtier Katze für wilde Vögel, Ratten und Mäuse? Welchen Einfluss haben Katzen auf unsere körperliche und geistige Gesundheit? Indem wir Fragen über die Katze stellen, können wir vielleicht auch etwas über uns selbst erfahren. Während der Arbeit an diesem Buch habe ich unglaublich viel dazugelernt, obwohl ich bereits den größten Teil meines Lebens mit einer oder mehreren Katzen zusammengelebt habe. Und die Forschung, mit der ich mich beschäftige, ist noch ganz frisch; einige Forschungsfelder sind in letzter Zeit geradezu explodiert, und eine große Anzahl von Aufsätzen ist in den 2010er-Jahren geschrieben worden.
Viel Spaß!

Die Wissenschaft hinter dem Buch

IM FEBRUAR 2015 STARTETE ich eine Suche nach wissenschaftlichen Aufsätzen über das Verhalten der Katze im Web of Science, der weltgrößten Datenbank für wissenschaftliche Literatur. Die Suchwörter *domestic cat* und *behaviour* ergaben 800 Artikel, die sich mit Hauskatzen und ihrem Verhalten beschäftigen. Ich lud mir die Artikel herunter und las alle Zusammenfassungen. So bekam ich einen guten Überblick über den Inhalt und konnte mir die interessantesten Aufsätze heraussieben. Mein Fokus lag auf Artikeln, die meine Neugier weckten. Gut 100 Artikel las ich von vorn bis hinten durch. Beim Lesen fand ich weitere Aufsätze, die spannend erschienen. Nach etwa 140 gelesenen Artikeln hörte ich auf und ordnete sie sechs Kategorien zu: *Das Wilde im Zahmen, Die Sinne der Katze, Das Verhalten der Katze, Das Temperament der Katze, Die Katze und der Mensch, Die Katze in ihrem Zuhause.* Jedes Thema unterteilte ich in weitere drei bis sechs Kapitel. Insgesamt umfasst das Buch 30 Kapitel, die auf den Ergebnissen und Schlussfolgerungen von einer unterschiedlichen Anzahl an Forschungsartikeln beruhen: jeweils etwa 20 bei den Kapiteln über *Das Raubtier Katze* und *Die Gesundheit und das Wohlbefinden der Katze,* nur jeweils einer bei den Kapiteln *Schwänzchen in die Höh'* und *Haarballen.* Erstaunlicherweise fand ich keinen einzigen spannenden Artikel über das Sehen der Katze. Zwar sind verschiedene Augenkrankheiten und die Physiologie des Katzenauges gut erforscht – aber das wollte ich euch ersparen. Ich habe nicht den Anspruch, mit diesem Buch alle Verhaltensweisen der Katze abzudecken. Für mich zählte das Zugänglichmachen der interessanten wissenschaftlichen Erkenntnisse. Alle Artikel, die den verschiedenen Kapiteln zugrunde liegen, sind auf den Seiten 210–218 aufgeführt.

Die Anzahl der Aufsätze über das tierische Verhalten hat mich überrascht. Die Forschung zu anderen Haustieren ist

noch umfangreicher. Zum Beispiel gibt es gut 1000 Artikel über das Verhalten des Hundes und 5000 über das Verhalten des Pferds. In den meisten Ländern wird diese Forschung über Steuergelder finanziert. Mit anderen Worten haben du und ich die Kosten getragen. Da ist es doch mehr als fair, wenn du auch die Ergebnisse zu sehen bekommst. Die Anzahl der Artikel in wissenschaftlichen Zeitschriften ist in den letzten Jahren stark angestiegen. Auch die Forscher selbst können nur noch einen Bruchteil dessen lesen, was publiziert wird. Man findet sowohl Edelsteine als auch Bodensatz – und man muss die Aufsätze kritisch lesen können, um sich eine eigene Meinung zu bilden. Aber trotz gewisser Systemfehler ist die wissenschaftliche Herangehensweise unübertroffen. Man zeigt unmissverständlich, von welchen theoretischen Grundlagen man ausgeht, welchen Erkenntnisgewinn man sich erhofft und wie man an die Fragestellung herangeht. Die Medien hingegen sind oft recht drastisch, wenn sie über die aktuelle Forschung berichten. Neulich sah ich in der meistgelesenen schwedischen Zeitung die Schlagzeile „Der böse Plan deiner Katze – wird dich wahrscheinlich umbringen". Mit diesem Buch bekommst du das nötige Hintergrundwissen, um dir selbst eine Meinung über den Wahrheitsgehalt der Schlagzeilen zu bilden.

Die meisten Studien, auf die ich mich im Buch beziehe, haben mit kontrollierten Experimenten gearbeitet. Hierbei werden die Katzen per Zufallsprinzip in eine Versuchs- und eine Kontrollgruppe eingeteilt. Alle Voraussetzungen sind in den beiden Gruppen so gleich wie möglich, abgesehen von dem Faktor, der getestet wird. Danach beobachten die Forscher systematisch das jeweilige Verhalten oder stellen Messungen an. Die Ergebnisse der beiden Gruppen werden von den Forschern mithilfe der Statistik verglichen. Man braucht also eine größere Anzahl Katzen in jeder Gruppe, damit einzelne Katzen mit ungewöhnlichem Verhalten das Bild der Gruppe als Ganzes nicht verfälschen.

Verschiedene Katzengruppen

IN DEN WISSENSCHAFTLICHEN AUFSÄTZEN, die den Grundstein für das Buch bilden, wurden verschiedene Hauskatzen erforscht. Aber die Forscher haben nicht selten versäumt klarzustellen, mit welcher Katzensorte genau sie sich beschäftigt haben. Um es für dich einfacher zu machen, spreche ich im Buch nur von drei Katzengruppen: Neben der *Wohnungskatze* und der *Hofkatze* verwende ich auch den Begriff *verwilderte Katze*.

Die *Wohnungskatze* lebt in einem Haushalt, in dem die Besitzer für ihr Futter und ihre Sicherheit sorgen. Sie kann allein oder in der Gruppe leben und schläft in einem Wohnhaus. Manche Stubentiger werden niemals nach draußen gelassen, während die sogenannten Freigänger mehr oder weniger nach ihrem eigenen Bedarf draußen sein dürfen. Eine *Mischrassenkatze* ist eine Hauskatze ohne Stammbaum, eine *Rassekatze* hat einen Stammbaum.

Die *Hofkatze* ist lose mit einem Bauernhof verbunden und lebt immer in der Gruppe. Sie schläft selten oder nie im Wohnhaus und bekommt unregelmäßig von den Menschen zu fressen. Sicherlich gibt es einen gleitenden Übergang von der Hof- zur Wohnungskatze. Es kommt leicht zur Begriffsverwirrung zwischen dem, was eine *verwilderte Katze* und was eine Hof- oder Wohnungskatze ist. Natürlich ist das Aussehen dafür nicht ausschlaggebend, sondern das Verhalten. Laut englischen Tierärzten kann man sich einer verwilderten Katze in der Natur nicht nähern, und sie ist ohne menschliche Unterstützung überlebensfähig. Eine gefangene verwilderte Katze ist Menschen gegenüber entweder aggressiv oder kauert sich zusammen und versucht sich zu verstecken. Sie lässt sich auch nicht anfassen, wenn sie in einem Zimmer eingesperrt ist. Bei den verwilderten Katzen unterscheidet man zwischen Katzen, die *in der Wildnis geboren wurden* und nie Kontakt zu Menschen hatten, und Katzen, die ursprünglich Haustiere waren und ausgesetzt wurden. Diese sogenannten *Sommerkatzen* waren beispielsweise den Sommer über als Gesellschaft für die Kinder gedacht und wurden dann im Ferienhaus gelassen, als die Schule wieder losging. Heutzutage geschieht es oft, dass Katzen vor dem Urlaub in Wind und Wetter hinausgeschickt werden, weil ihre Besitzer keinen Katzensitter finden oder sich die Katzenpension nicht leisten können. Wohnungs- und Hofkatzen paaren sich öfter mit verwilderten Katzen, als viele glauben. Auch die *Europäische Wildkatze* paart sich mit Hauskatzen in den Gegenden, wo sich ihre Verbreitung überschneidet, und bekommt zeugungsfähige Nachkommen. In Europa lebt die Europäische Wildkatze zum Beispiel in Schottland, im Osten Frankreichs, in Spanien, Italien und in großen Teilen des Balkans.

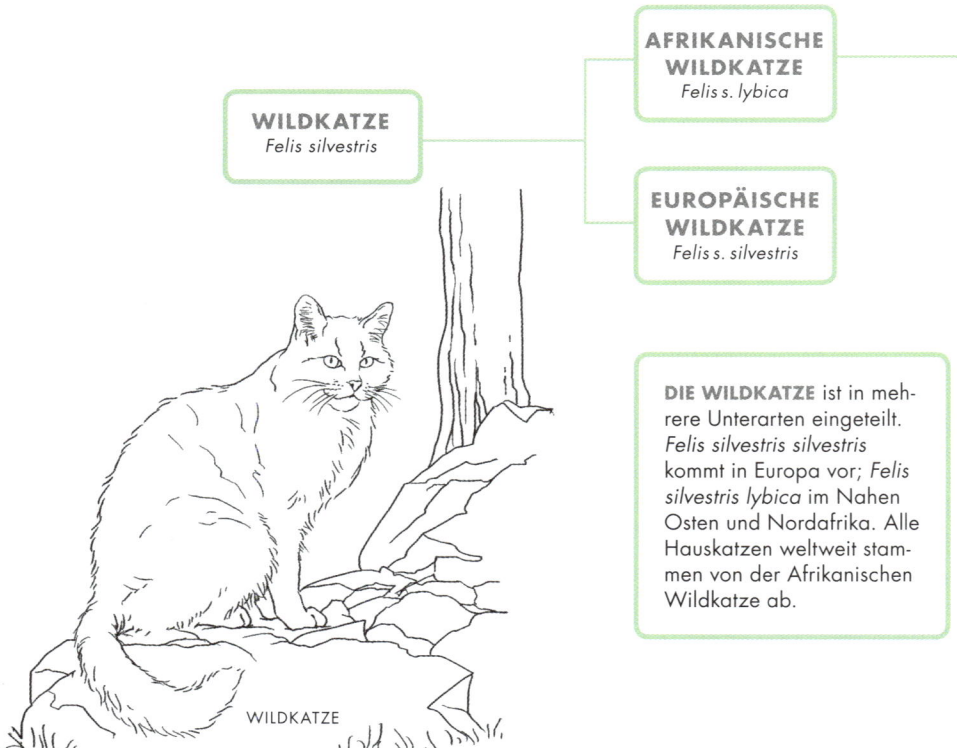

WILDKATZE
Felis silvestris

AFRIKANISCHE WILDKATZE
Felis s. lybica

EUROPÄISCHE WILDKATZE
Felis s. silvestris

DIE WILDKATZE ist in mehrere Unterarten eingeteilt. *Felis silvestris silvestris* kommt in Europa vor; *Felis silvestris lybica* im Nahen Osten und Nordafrika. Alle Hauskatzen weltweit stammen von der Afrikanischen Wildkatze ab.

WILDKATZE

WOHNUNGSKATZE

DIE HAUSKATZE *Felis silvestris catus* ist sehr anpassungsfähig. Ich habe sie je nach Lebensweise und Verhalten in weitere Gruppen unterteilt: Wohnungskatzen und Hofkatzen (in diesem Buch zur besseren Unterscheidung teils auch zahme Katzen genannt) sowie verwilderte Katzen leben in unterschiedlichen Umgebungen und zeigen teilweise unterschiedliches Verhalten. Es gibt jedoch keine großen Unterschiede im Aussehen. Da sie sich auch untereinander paaren, unterscheiden sie sich genetisch ebenfalls nicht.

HAUSKATZE
Felis s. catus

WOHNUNGS-KATZE

VERWILDERTE KATZE

HOFKATZE

HOFKATZE

DAS WILDE
IM ZAHMEN

Der neuesten Forschung zufolge haben wir Menschen die Katze noch nicht endgültig domestiziert. Verhaltensweisen und Aussehen haben wir jedenfalls noch nicht in dem Ausmaß nach Wunsch herangezüchtet, wie es bei Hunden und anderen Haustieren der Fall ist. Wir haben die Eigenheiten der Katze akzeptiert, und die Katze hat wiederum unsere Lebensweise akzeptiert. In den folgenden sechs Kapiteln werden die ursprünglichen Verhaltensweisen beschrieben, die man noch heute bei den Hauskatzen findet.

Mehr wild als zahm?

DIE KATZE SCHLÄFT RUHIG auf einem Kissen auf der Küchenbank und kümmert sich kein Stück um den bellenden Hund, während Frauchen und Herrchen das Essen zubereiten. In früheren Zeiten wäre eine solche Szene undenkbar für ein Raubtier wie die Wildkatze gewesen. Menschen und Hunde stellten eine echte Gefahr für sie dar, und sie hätte sich so weit wie möglich von deren Behausungen ferngehalten. Wie kam es also, dass die Wildkatze sich an das Leben mit dem Menschen angepasst hat? Bei vielen ursprünglich wilden Tierarten hat der Mensch durch Zucht Eigenschaften und Verhaltensweisen so verstärkt, wie wir sie wünschen und schätzen. Kühe, Schweine, Ziegen, Schafe, Hühner, Pferde und Hunde sind Beispiele für vom Menschen domestizierte Tiere. Aber inwieweit ist die Katze domestiziert? Ist die Katze auf der Küchenbank wirklich eher zahm als wild?

Schon Ende des 19. Jahrhunderts stellte Charles Darwin fest, dass domestizierte Tiere gemeinsame Merkmale haben. Sie haben kleinere Gehirne und mehr juvenile Züge als ihre wilden Ahnen – das heißt, sie sehen eher jung als erwachsen aus. Es gibt beispielsweise Hunderassen, bei denen der erwachsene Hund an ein Wolfsjunges mit kurzer Nase, großen Augen und Schlappohren erinnert. Interessanterweise glauben die Forscher heute, dass dies ein Nebenprodukt der Zucht hin zu einem positiven Verhalten ist. Sozusagen als Extra haben wir Tiere mit Kindchenschema und kleinerem Gehirn bekommen. Das ist jedenfalls eine Theorie, die vor Kurzem von Wissenschaftlern der vergleichenden Genomik aufgestellt wurde. In diesem Forschungsbereich entziffert man zunächst die gesamte Erbmasse verschiedener Lebewesen und vergleicht dann die Gene und deren Expression innerhalb einer Art oder zwischen unterschiedlichen Spezies.

2014 wurde in der amerikanischen Zeitschrift *Proceedings of the National Academy of Sciences* die erste Studie zur gesamten Erbmasse einer Katze publiziert. Es handelte sich um ein Weibchen der der Rasse Abessinier. Eine amerikanische Forschungsgruppe unter der Leitung von Michael Montague fand 281 Gene, die Zeichen schneller Veränderungen zeigten. Einige dieser Gene waren mit dem Seh- und Hörsinn der Katze verknüpft, also mit den Sinnen, von denen die Katze am abhängigsten ist. Andere Gene waren am Fettstoffwechsel des Körpers beteiligt, was wahrscheinlich eine Anpassung daran ist, dass die Katze ausschließlich Fleisch frisst. Aber die interessantesten Ergebnisse ergab der Vergleich der Erbmasse von 22 Hauskatzen (unterschiedlicher Rassen und aus unterschiedlichen geografischen Gebieten) mit der Erbmasse der wilden Ahnen der Katze (zwei Wildkatzen der Unterart *Felis silvestris silvestris* aus Europa und zwei der Unterart *Felis silvestris lybica* aus dem Nahen Osten). Mindestens 13 Gene der Haus- und Wildkatzen unterschieden sich voneinander. Von früheren Untersuchungen an Mäusen weiß man, dass diese Gene für bestimmte Verhaltensweisen zuständig sind, beispielsweise in unbekannten Situationen weniger ängstlich zu sein oder Neues zu lernen, wenn die Katze dafür eine Belohnung bekommt. Im Vergleich zum Hund hat sich die Erbmasse der Katze jedoch in einer kürzeren Zeitspanne deutlich weniger verändert. Die Wissenschaftler konstatierten am Ende ihres Artikels, dass der Mensch die Katze nicht auf die gleiche Weise aktiv domestiziert hat wie Hunde und andere Haustiere. Die Katze war nur die Gefolgschaft und der Mensch hat sie toleriert.

Aber, wendest du jetzt vielleicht ein, es gibt doch so viele Katzenrassen, die wir Menschen gezüchtet haben! Das stimmt wohl, aber von den etwa 40 bis 50 Katzenrassen, die es heute gibt, sind die meisten nicht älter als 75 Jahre. Bei der ersten Kat-

SEIT WANN GIBT ES DIE UNTERSCHIEDLICHEN KATZENRASSEN?

600—1200	1300—1800	1800—1900	1950—heute
• Japanese Bobtail	• Burma • Korat • Siam • Angora	• Abessinier • Birma • Britisch Kurzhaar • Maine Coon • Manx • Norwegische Waldkatze • Perser • Russisch Blau • Sibirische Katze • Türkisch Van (Türkisch Angora)	• American Bobtail • American Shorthair • American Wirehair • Australian Mist • Cornish Rex • Devon Rex • Ägyptische Mau • LaPerm • Munchkin • Ocicat • Ojos Azules • Ragdoll • Schottische Faltohrkatze • Selkirk Rex • Sphynx • Tonkanese

zenausstellung – 1871 im Crystal Palace in London – wurden nur fünf verschiedene Katzenrassen gezeigt: Birma, Britisch Kurzhaar, Manx, Perser und Siam. Die meisten Katzenrassen weisen nur sehr geringe Unterschiede in der Erbmasse auf, oft unterscheiden sie sich bloß durch ein einziges Gen.

Dem sehr kurzen Zeitraum, in dem das Aussehen der Katze durch Zucht beeinflusst wurde, stehen mindestens 9500 Jahre gegenüber, die Mensch und Katze gemeinsam hinter sich haben. Auch wenn sich also das Aussehen der einzelnen Katzenrassen unterscheidet, zeigen sie alle ein ziemlich ursprüngliches Verhalten. Man könnte auch sagen: „Wir können die Katze aus dem Dschungel holen, aber nicht den Dschungel aus der Katze!"

Wo auf der Welt hat die Katze zuerst gelernt, in der Gefolgschaft des Menschen zu leben? Um diese Frage zu beantworten, untersuchte eine englische Forschergruppe unter Leitung

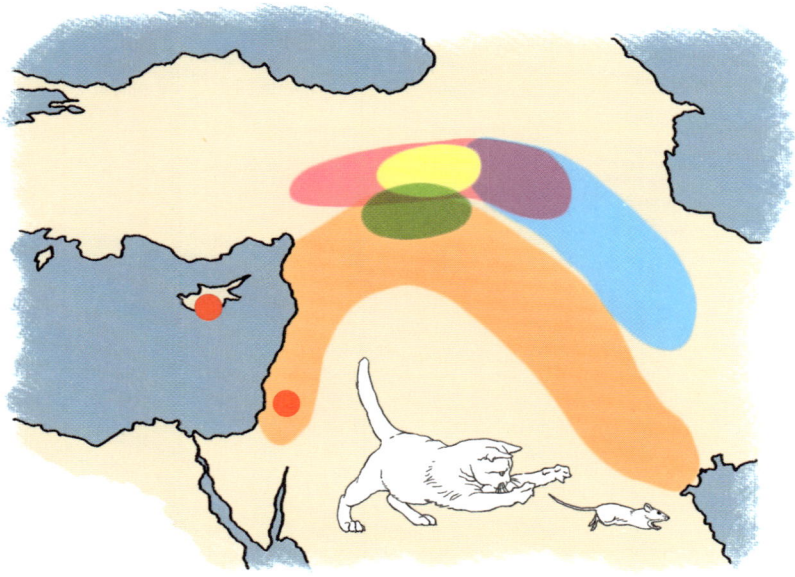

Alle Hauskatzen der Welt stammen von der Unterart *lybica* aus dem Nahen Osten ab. Die ältesten Funde von Katzenknochen stammen aus Zypern und Palästina und sind 9500 bzw. 8700 Jahre alt (rote Punkte). Mäuse, Ratten und Spatzen waren reichlich vorhanden, was den Wildkatzen zugutekam. Fast alle heutigen Haus- und Nutztiere wurden in der Nähe des Fruchtbaren Halbmonds (orange) vor 8000 bis 12 000 Jahren domestiziert: Kühe (grün), Schweine (gelb), Schafe (pink) und Ziegen (hellblau).

von Carlos Driscoll die Verwandtschaft zwischen verschiedenen Wildkatzenarten und Hauskatzen. Die Ergebnisse wurden auch diesmal in der renommierten Zeitschrift *Proceedings oft the National Academy of Sciences* publiziert. Fünf verschiedene Unterarten von *Felis silvestris* wurden untersucht: *silvestris* aus Europa, *cafra* aus Südafrika, *ornata* aus Zentralasien, *lybica* aus dem Nahen Osten und Afrika sowie *bieti* aus dem Hochland von Tibet. Es zeigte sich, dass alle Hauskatzen der Welt von der Unterart *lybica* aus dem Nahen Osten abstammen. In ägyptischen Gräbern hat man Katzenabbildungen gefunden, die 3600 Jahre alt sind. Archäologische Funde von Katzenknochen in Wohnstätten auf Zypern und in Jericho in Palästina sind noch älter – 9500 beziehungsweise 8700 Jahre alt.

Fast alle heutigen Haustiere – Kühe, Schweine, Schafe, Ziegen, Hunde und Katzen – wurden vor etwa 8000 bis 12 000 Jahren in der gleichen Gegend domestiziert. Sie liegt im Nahen Osten und umfasst Teile vom heutigen Israel, Palästina, Jordanien, Libanon, Syrien, der Türkei, dem Iran und Irak.

Die wichtigsten Flüsse des Fruchtbaren Halbmonds sind Euphrat, Tigris und Jordan. Heute ist die Gegend nicht mehr fruchtbar, aber früher bestand die Landschaft aus einer parkähnlichen Savanne mit Eichen und Pistazienbäumen. Hier wurde der Mensch zum ersten Mal sesshaft und betrieb Ackerbau, statt zu jagen und zu sammeln. Weizen, Gerste, Linsen, Erbsen, Kichererbsen und andere essbare Gewächse wurden angebaut. Aber warum um alles in der Welt domestiziert man ein Tier wie eine Wildkatze? Auch Carlos Driscoll schreibt in seinem Artikel: „Die Wildkatze ist ein unwahrscheinlicher Kandidat für eine Domestizierung!" Sie frisst nichts anderes als Fleisch, lebt allein und verteidigt ihr Revier, sie ist also stärker an einen Ort gebunden als der Mensch. Man kann ihr keine Aufgaben übertragen und sie ist kein so guter Mäusejäger, wie viele glauben, jedenfalls nicht im Vergleich zu Terriern und Frettchen. Wahrscheinlich versuchten die Bauern nicht einmal, die Katze zu domestizieren, sondern tolerierten sie eher, weil sie einen gewissen Nutzen brachte. Mit der Zeit akzeptierten Mensch und Katze einander immer mehr. Warum die Katze die Nähe des Menschen suchte, ist leichter zu erklären: Sie nutzte eine neue ökologische Nische mit reichlich Futter, denn die Getreidelagern zogen Mäuse, Ratten und Spatzen an. Die Konkurrenz war gering, weil es wenig andere Raubtiere gab und auch keine größeren Raubtiere, die es auf die Katzen als Beute abgesehen hätten.

Fast alle Hauskatzen auf der Welt paaren sich frei. Das gilt auch für die unzähligen verwilderten Katzen, die sich regelmäßig mit unseren zahmen Katzen paaren. Nur drei Prozent aller Hauskatzen weltweit sind Rassekatzen, für die wir Menschen in Hinblick auf die wünschenswerten Eigenschaften der Nachkommen aktiv einen Partner aussuchen. Können wir also wirklich sagen, dass wir die Wildkatze domestiziert haben? Doch, die Toleranz der Hauskatzen gegenüber dem Menschen ist ein Ergebnis der Domestizierung. Dass domestizierte Katzen in Gruppen leben können, während Wildkatzen ausschließlich allein leben, ist ebenfalls ein Zeichen für das Anpassungsvermögen der Katze an ein Leben mit dem Menschen. Und die Schwemme der neuen Katzenrassen in den letzten 75 Jahren ist definitiv ein Ergebnis aktiver Selektion von erwünschtem Aussehen und Verhalten.

FORSCHER ERKLÄREN: DIE WILDE KATZE

- Die Hauskatze stammt von der afrikanischen Wildkatze *Felis silvestris* der Unterart *lybica* aus dem Nahen Osten ab.

- Die ältesten archäologischen Funde von Katzenknochen in Wohnstätten sind 9500 Jahre alt und stammen aus Zypern.

- Im Gebiet des sogenannten Fruchtbaren Halbmonds domestizierte der Mensch erstmals auch die Kuh, das Schwein, das Schaf, die Ziege und den Hund.

- Nur 13 Gene unterscheiden die Hauskatze von der Wildkatze. Diese Gene haben Einfluss auf das Verhalten.

- Die ersten Bauern wollten die Katze nicht aktiv domestizieren, sondern tolerierten sie vielmehr. Die Katze hat sich selbst domestiziert!

- Die aktive Zucht neuer Katzenrassen ist ein Phänomen der Moderne. Der Großteil der heutigen 40 bis 50 Katzenrassen ist nicht älter als 75 Jahre.

- Hauskatzen können sich mit Wildkatzen paaren und fruchtbare Junge bekommen.

Jeder für sich oder alle zusammen?

„ICH BIN TAGSÜBER oft weg und habe ein schlechtes Gewissen, weil meine Katze allein zu Hause ist. Sollte ich mir eine zweite Katze zur Gesellschaft anschaffen?" Das ist wohl die häufigste Frage, die mir gestellt wurde, als ich dieses Buch schrieb. Die Wildkatze lebt allein und hält andere Wildkatzen von ihrem Revier fern. Die Hauskatze kann im Unterschied dazu mit anderen Katzen zusammenleben. Aber ist die Hauskatze in so hohem Maße domestiziert, dass sie es vorzieht, in der Gruppe zu leben? Oder toleriert sie lediglich die Anwesenheit anderer Katzen im Haushalt?

In der westlichen Welt kommt es immer häufiger vor, dass mehrere Katzen in einem Haushalt leben. 2012 waren es 2,1 Katzen pro Katzenhaushalt in den USA und in Schweden 1,6 Katzen. Wie geht es diesen Katzen? Mehrere Forscher haben sich mit dieser Frage beschäftigt, einige haben die Stresshormone im Kot untersucht, während andere das Verhalten von Katzen im häuslichen Umfeld studiert haben – sowohl in Einkatzen- als auch in Mehrkatzenhaushalten.

Eine gestresste Katze kann das Hormon Cortisol absondern, oder vielmehr Glucocorticoidmetaboliten (GCM). Verschiedene Forscher haben in letzter Zeit das Stresslevel von Katzen untersucht, indem sie die GCM-Menge im Urin oder Kot gemessen haben. Eine der interessantesten Studien kommt aus Brasilien und wurde 2013 in der Zeitschrift *Physiology & Behavior* publiziert. Daniela Ramos hat mit ihren Kollegen die Konzentration der Stresshormone im Kot von Katzen untersucht, die in einem

Haushalt mit einer Katze, mit zwei Katzen oder mit drei bis vier Katzen leben. Die Ergebnisse wiesen auf große Stressunterschiede zwischen den Katzen hin, und das sogar im gleichen Haushalt. Offenbar reagieren Katzen äußerst unterschiedlich auf die gleiche Umgebung. Aber es gab auch deutliche Muster. Bei Katzen zwischen sechs Monaten und zwei Jahren war das Stresslevel am höchsten, wenn sie allein lebten, und am niedrigsten in Haushalten mit drei bis vier Katzen. Bei Katzen, die älter als zwei Jahre waren, gab es keine deutlichen Unterschiede zwischen den Gruppen. Wie kann man diese Ergebnisse deuten? Die Forscher nehmen an, dass jüngere Katzen ihren Spieltrieb mit anderen Katzen in einem Mehrkatzenhaushalt befriedigen können, während im Einkatzenhaushalt Frauchen und Herrchen mit Spielen und Aufgaben zur Stimulierung beitragen müssen. Ältere Katzen haben vielleicht gelernt, einander zu tolerieren – oder zu meiden, was dazu führt, dass sie nicht gestresst sind, wenn sie den Haushalt mit mehreren Katzen teilen müssen.

Der Mensch spielt eine zentrale Rolle bei der Erziehung von Katzenjungen zu sozialen Wesen. Im Alter von zwei Wochen bis neun Wochen sollten wir uns so viel wie möglich um die Katzenjungen kümmern und bei ihnen sein. Sie sollten auch die Möglichkeit bekommen, mit anderen Katzenjungen und erwachsenen Katzen im Haushalt zusammen zu sein. In diesem kurzen Zeitfenster bilden die Katzenjungen soziale Verhaltensmuster aus, die sie für den Rest ihres Lebens beibehalten. Mehrere Artikel betonen, dass sozialisierte Katzenjungen leichter mit Stresssituationen umgehen können. In einem neuen Haushalt mit unbekannten Menschen kommen sie besser zurecht, unter Umständen sogar mit fremden Katzen und Hunden. Ein neues Katzenjunges wird in den meisten Fällen leichter von den alten Katzen im Haushalt akzeptiert als eine neue erwachsene

Katze, auch wenn das Risiko besteht, dass die älteren die Verspieltheit des Katzenjungen nicht immer zu schätzen wissen. Jedoch können sich die Forscher nicht einigen, ob es ratsamer ist, nur Weibchen, nur Männchen oder sowohl Weibchen als auch Männchen in einem Haushalt zusammenzubringen.

Wie verhalten sich Katzen, die zu mehreren in einem Haushalt leben? Um diese Frage zu beantworten, sperrten sich die beiden Verhaltensforscherinnen Penny Bernstein und Mickie Strack zusammen mit 14 Katzen in einem 124 Quadratmeter großen Bungalow ein. Diese Studie hat eine gewisse Ähnlichkeit mit dem TV-Format „Big Brother", aber keine Katze wurde während des dreimonatigen Experiments wieder nach Hause geschickt. Die Katzen – sieben Männchen und sieben Weibchen mit einer Altersspanne von sechs Monaten bis 13 Jahren – kannten einander noch nicht und waren nicht nah verwandt. Alle Katzen waren kastriert. Katzenklos und Trockenfutter waren in allen sieben Zimmern vorhanden, Nassfutter wurde einmal täglich in der Küche gefüttert. Penny Bernstein und Mickie Strack konnten keine eindeutige Hierarchie zwischen den Katzen ausmachen, offene Aggressionen waren selten. Die Männchen bewohnten eine größere Hausfläche und bewegten sich durch mehr Zimmer als die Weibchen. Die Katzenjungen bewegten sich anfangs freimütig durch alle Zimmer, hatten aber zum Ende der Studie ihre Heimfläche auf ein oder wenige Zimmer beschränkt. Alle Katzen hatten nach drei Monaten ihr Lieblingszimmer gefunden, bis auf einen älteren Kater, der noch immer wie ein unsteter Geist von Zimmer zu Zimmer lief. Auch gab es in jedem Zimmer Lieblingsplätze, zu denen die meisten Katzen zurückkehrten. Meistens handelte es sich um einen erhöhten Platz, der besonders warm war, wie die Ablage über der Heizung oder der Rand des Kachelofens. Viele dieser Lieblingsplätze wurden von mehreren Katzen geteilt, was Ärger hätte bedeuten können. Aber die Katzen lösten das auf die gleiche Weise wie Menschen, die sich ein Ferienhaus

VERHALTEN IN DER GRUPPE

Teilen des Ruheplatzes	Kontaktverhalten	Konfliktsituationen	Diagnose	Eingreifen
Oft	Lecken einander. Streichen aneinander entlang.	Keine		Kein Eingreifen notwendig.
Selten oder nie	Selten oder nie	Meiden einander und/oder jagen einander vom Ruheplatz fort, doch ohne Zeichen von Unruhe oder Stress. Eventuell Fauchen oder Spucken, aber selten physische Gewalt.	Eingreifen nötig. Die Katzen müssen nicht getrennt werden.	Möglichkeit für die Katze, auf einen hohen Platz im Zimmer zu gelangen oder ans Katzenklo auf dem Boden. Viel körperliches Spiel und Herausforderungen. Leichte Konflikte mit plötzlichen lauten Geräuschen abbrechen. Dem Angreifer ein Halsband mit Glöckchen anlegen.
Nie	Nie	Erträgt es nicht, andere Katzen zu sehen, ohne Zorn, Angst, Unruhe oder Aggressivität zu zeigen. Oft physische Gewalt, die zu Verletzungen führen kann.	Eingreifen nötig. Die Katzen müssen getrennt werden.	Nachdem die Katzen in verschiedene Zimmer getrennt wurden, eine graduelle Wiederbegegnung planen: Ein weiches Stück Stoff an Kinn und Schläfe der einen Katze reiben und die andere Katze daran riechen lassen. Dann den Stoff an Kinn und Schläfe der zweiten Katze reiben und die erste riechen lassen. Die Katzen einander nach und nach sehen lassen, erst durch eine Glastür, dann von Weitem im selben Zimmer. Belohnungen geben und bei Anzeichen von Stress abbrechen. Jede Form der Bestrafung vermeiden. Wenn keine dieser Methoden funktioniert, sind Medizin- und Hormonbehandlungen möglich.

teilen – statt unterschiedlicher Wochen hatten die Katzen unterschiedliche Tageszeiten, zu denen sie am liebsten von ihrem Lieblingsplatz Gebrauch machten. Die Forscherinnen kamen zu der Erkenntnis, dass eine große Katzengruppe in einer recht begrenzten Umgebung durch eine Kombination von Toleranz und Vermeidung miteinander auskommen kann. Voraussetzung dafür war das ausreichende Vorhandensein von Futter und sicheren Zufluchtsorten, die sie bei Bedarf aufsuchen konnten.

Aber was ist nun die Antwort auf die Frage, ob Katzen in der Gruppe leben möchten? Du merkst, dass ich „wie die Katze um den heißen Brei schleiche" und eine definitive Antwort vermeide. Es kommt einfach drauf an. Eine Katze, die Freigang hat, bekommt meistens genug Anregung und braucht nicht unbedingt weitere Gesellschaft. Eine Wohnungskatze, die als Junges sozialisiert worden ist und sich in neuen, unbekannten Situationen sicher fühlt, kann eine neue Katze im Haushalt leichter akzeptieren und profitiert von ihr. Es spielt eine große Rolle, wie viel Zeit du als Frauchen oder Herrchen deiner Einzelkatze widmest, wenn ihr zusammen seid.

Aber was machst du, wenn du eine weitere Katze nach Hause mitgebracht hast und sich zeigt, dass es nicht funktioniert? Die Katzen weichen einander aus oder, noch schlimmer, geraten in Konflikt, sobald sich die Gelegenheit bietet. Der Tierarzt Christopher Pachel aus Oregon in den USA hat eine Liste mit praktischen Tipps zusammengestellt, die auf der Erfahrung von Tierärzten weltweit beruht. Je früher du etwas an der Situation änderst, desto besser. Ein frühes Warnsignal ist, dass die Katzen überhaupt nicht miteinander interagieren. Anhand der Tabelle auf der vorigen Seite kannst du selbst eine Diagnose stellen und bekommst Tipps, wie du dafür sorgen kannst, dass die Katzen besser miteinander auskommen.

FORSCHER ERKLÄREN: KATZEN ALLEIN ODER IN DER GRUPPE

- Haushalte mit mehreren Katzen werden in der westlichen Welt immer häufiger.

- Laut einer Studie ist das Stresslevel mit drei oder vier Katzen im Haushalt niedriger als in Einkatzenhaushalten, wenn die Katzen jünger als zwei Jahre sind. Das Stresslevel älterer Katzen ist unabhängig davon, ob eine, zwei oder drei bis vier Katzen im Haushalt leben.

- Wir sollten mit Katzenjungen im Alter von zwei bis neun Wochen sehr viel interagieren. In dieser Zeitspanne formen sie ihr Sozialverhalten für den Rest ihres Lebens.

- Große individuelle Unterschiede im Stresslevel von erwachsenen Katzen können mit ihrer frühen Aufzucht zu tun haben.

- Die Voraussetzung, dass mehrere Katzen in einem Haushalt miteinander auskommen, ist der Zugang zu ausreichend Fressen für alle. Alle brauchen Zufluchtsorte, an die sie sich zurückziehen können.

- Mehrere Katzen können sich einen Rückzugsort in ihrem Heim teilen und sind dann zu unterschiedlichen Zeiten dort.

- Eine Einzelkatze, die genügend Anregung bekommt, sei es durch Freigang oder tägliches Spiel mit Frauchen und Herrchen, kann sich ohne weitere Katzen im Haushalt sehr wohlfühlen.

Bestimmer oder Bestimmerin?

MACH EIN EINFACHES EXPERIMENT: Stelle einen leeren Pappkarton vor deine Katzen auf den Fußboden. Die Katze, die zuerst den Karton in Beschlag nimmt, ist die dominante, und die Katzen, die keinen Zutritt bekommen, sind subdominant. Erst wenn die dominante Katze den Karton verlässt, dürfen die anderen Katzen ihn näher untersuchen. Nach einigen Tagen werden jedoch alle ihr Interesse daran verlieren und der Karton verwaist. Aber warum ist es so interessant zu wissen, wer der Bestimmer ist?

Forscher haben schon lange herausfinden wollen, was die soziale Organisation von Hauskatzen beeinflusst. Katzen sind ja quasi erst neulich vom solitären Leben in das der Gruppe gewechselt – knapp 10 000 Jahre sind für evolutionäre Verhältnisse eine kurze Zeit.

Katzen bilden soziale Gruppen, in denen der Kern aus der „Katzenkönigin" und ihren Nachkommen besteht. Das kann man besonders gut bei Hofkatzen sehen, die sich um Scheunen herum aufhalten. Kater tragen nicht zur Aufzucht der Jungen bei. Ihr Einsatz ist darauf begrenzt, sich mit möglichst vielen Weibchen zu paaren. Größere und schwerere Männchen sind dominanter und gewinnen mehr Kämpfe als kleinere und leichtere Kater. Aber alles hat seinen Preis. Dominante Männchen zeugen mehr Nachkommen, aber wie eine italienischen Studie unter der Leitung von Eugenia Natoli ergab, tragen sie auch öfter den Virus in sich, der Katzen-Aids verursacht und sich über Bisse auf andere Katzen überträgt.

Genau wie die Löwen sind Hauskatzen sexuell dimorph, das heißt, es gibt deutliche Unterschiede zwischen den Geschlechtern. Die Männchen sind schwerer und haben längere Reißzähne als die Weibchen. Wenn es nur um die physische Stärke ginge, würden die Männchen stets die Weibchen und die Jungen dominieren. In der Natur wird eine derartige Dominanz deutlich, wenn es ums Fressen geht. Auch wenn die Löwenweibchen – die öfter in der Gruppe jagen – effektivere Jägerinnen sind als die Löwenmännchen, müssen sie sich nach geglückter Jagd hinter dem Löwenmännchen anstellen. Katzen jedoch haben oft unbegrenzten Zugang zu Futter – vielleicht wird deshalb eine andere Hierarchie gebildet? Dies untersuchte eine italienisch-französische Forschergruppe unter Leitung von Roberto Bonanni; der entsprechende Aufsatz erschien in *Animal Behaviour*. Die Forscher beobachteten eine Gruppe von 13 verwilderten Katzen, die in einem von hohen Mauern umgebenen Innenhof im Herzen von Rom lebten. Über einen Zeitraum von fast einem Jahr fütterten die Forscher die Katzen zweimal täglich. Sie untersuchten, in welcher Reihenfolge die Katzen zum Fressnapf kamen, der so geformt war, dass jeweils nur eine Katze fressen konnte. Jedes Verhalten, das auf Aggressivität oder Unterwürfigkeit hindeutete, wurde notiert und mit dem Rang und Verhalten der Katzen verglichen, wenn kein Futter vorhanden war. Interessanterweise unterschied sich das Verhalten deutlich. War Futter in Sicht, verhielten sich die Weibchen deutlich aggressiver und ranghöher als viele Männchen. Katzenjunge im Alter von vier bis sechs Monaten durften vor den erwachsenen Männchen und Weibchen an den Fressnapf. War kein Futter vorhanden, schlug das Verhalten fast ins Gegenteil um: Fast alle Männchen dominierten alle Weibchen. Es gab eine deutliche lineare Hierarchie, bei der die drei oberen Plätze immer von Männchen, die drei untersten Plätze immer von Weibchen eingenommen wurden. Geschlechtsunabhängig waren ältere, schwerere Katzen ranghöher, und je höher der Rang einer Katze, desto aggressiver war sie.

Roberto Bonanni und seine Kollegen glauben nicht, dass die Domestizierung der Katze dieses Ergebnis erklären kann. Sie meinen vielmehr, dass Männchen das Fressen nicht so wichtig nehmen wie die Weibchen und Jungkatzen, da sie immer ausreichend Futter bekommen. Dies ist ein spannender Vergleich mit dem Löwen, der immer in perfekter körperlicher Verfassung sein muss, um seine Gruppe von Weibchen gegen konkurrierende Männchen verteidigen zu können. Ein fremdes Löwenmännchen, das die Gruppe übernimmt, jagt alte Männchen fort und tötet die Jungen, damit die Löwinnen so schnell wie möglich wieder rollig werden. In der Welt der Katzen kann kein Männchen alle Weibchen dominieren. Und auch wenn ein fremdes, dominantes Männchen zur Gruppe dazukommen sollte, dürfen die „alten" Männchen bliehen und sich weiterhin heimlich mit den Weibchen paaren. Anders gesagt glauben die Forscher, dass der Preis für die Kater, die Weibchen und die Jungen zuerst fressen zu lassen, so gering ist, dass sie es sich gut leisten können.

Bei Gruppen von verwilderten Katzen, die in einer Art sozialen Organisation leben, kann man solche Parallelen zum Löwen ziehen. Aber wie sieht es bei der Wohnungskatze aus, die vielleicht nur Gesellschaft von einer anderen Katze hat? Die meisten Wohnungskatzen haben ständigen Zugang zu Nahrung in Form von Trockenfutter, und es besteht kaum das Risiko, dass fremde Katzen in die Wohnung eindringen. Laut früherer Studien vermindert sich bei kastrierten Wohnungskatzen das aggressive Verhalten zugunsten vom kontaktsuchenden. Die amerikanischen Forscherinnen Kimberley Barry und Sharon Crowell-Davis waren neugierig, ob es trotzdem einen Unterschied zwischen den Geschlechtern gibt, was das aggressive oder kontaktsuchende Verhalten nach der Kastration angeht. Deshalb besuchten sie 60 verschiedene Zweikatzenhaushalte und beobachteten jeweils zehn Stunden lang die unterschiedlichen Konstellationen: Männchen und Männchen, Weibchen und Weibchen sowie Männchen und Weibchen. Die meisten Annahmen der Forscherinnen wurden nicht bestätigt. Männchen waren nicht aggressiver gegenüber anderen Männchen, Weibchen nicht kontaktsuchender gegenüber Weibchen. Eher war es umgekehrt: Die Gruppe, in der die Katzen die meiste Zeit miteinander verbrachten, bestand nur aus Männchen. Und noch ein anderes Muster konnten die Forscherinnen ausmachen: Das aggressive Verhalten zwischen den Katzen ließ nach, je länger sie sich bereits kannten. Interessanterweise sank die Anzahl der aggressiven Zwischenfälle dramatisch nach etwa zehn bis zwölf Monaten und blieb anschließend auf einem niedrigen Level. Das kann eine tröstliche Aussicht sein, wenn du gerade erst eine weitere Katze nach Hause mitgebracht hast und ständig Konflikte entstehen. Hab Geduld, es kommen bessere Zeiten. Wenn du bereits eine Katze hast und dir eine weitere anschaffen willst, scheint es keine Rolle zu spielen, welches Geschlecht sie hat. Jedenfalls nicht, wenn beide Katzen kastriert sind oder noch kastriert werden.

FORSCHER ERKLÄREN:
DER SOZIALE RANG DER KATZEN

- Katzen bilden soziale Gruppen, in denen die „Katzenkönigin" und ihre Nachkommen den Kern bilden. Kater beteiligen sich nicht an der Aufzucht der Jungen, sondern versuchen sich mit so vielen Weibchen wie möglich zu paaren.

- Männchen sind im Schnitt 15 bis 40 Prozent schwerer und haben längere Reißzähne als Weibchen.

- Welches Geschlecht das dominierende ist, hängt von der Situation ab. Weibchen dominieren oft beim Fressen, aber sonst nicht.

- Kastrierte Katzen in Zweikatzenhaushalten scheinen keinen geschlechtsspezifischen Unterschied aufzuweisen, was Kontaktsuche oder aggressives Verhalten betrifft.

- Aggressive Zwischenfälle lassen mit der Zeit nach. Nachdem die Katzen sich zehn bis zwölf Monate kennen, nimmt die Anzahl aggressiver Interaktionen deutlich ab.

Das Zuhause

KAUM EINE FERNSEHSENDUNG über Haustiere hat so viel Aufmerksamkeit erregt wie die BBC-Produktion „The Secret Life of the Cat" („Das geheime Leben der Katze"). Der Link zur Sendung wurde tausendfach auf Facebook geteilt, und es wurde rege darüber diskutiert. Endlich erfuhren wir, was Katzen machen, wenn sie die Sicherheit ihres heimischen Winkels verlassen und erst viele Stunden später zurückkehren.

Die Sendung wurde durch die digitale Revolution in der Forschung ermöglicht. In den letzten Jahren sind immer kleinere und leichtere Videokameras und Apparate entwickelt worden, die GPS nutzen, also eine satellitenbasierte Lagebestimmung ermöglichen. Inzwischen sind die Geräte so klein, dass die Forscher sie am Katzenhalsband befestigen können, ohne dass die Katze in ihrer Bewegungsfreiheit eingeschränkt wird. Mithilfe von GPS und Videoaufnahmen können die Forscher nun die Wege der Katze rund um die Uhr dokumentieren und analysieren.

In der Sendung sah man, dass die meisten der 50 Katzen in der kleinen Gemeinde im englischen Surrey sich nur kurze Strecken von ihrem Haus entfernten. Die Katzen bewegten sich in genau abgegrenzten Bereichen. Normalerweise spricht man bei Katzen nicht von Revieren, da ihre Heimbereiche einander überlappen; bei Revieren ist das nicht der Fall. Im Gegensatz zu Revierinhabern kontrollieren Katzen die Grenzen ihres Heimbereichs auch nicht wirklich. Die Sendung zeigte mehrere Fälle, in denen zwei Katzen ihren Heimbereich untereinander aufteilten; die eine Katze hielt sich nachts dort auf, die andere tagsüber. Einige Katzen hatten sich sogar angewöhnt, durch die

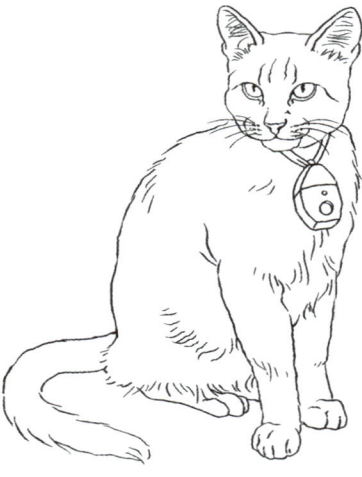

Dank des technischen Fort-
schritts ist heute auf einem
Katzenhalsband Platz für eine
Kamera mit GPS.

Katzenklappe in fremde Häuser zu gehen und dort Futter zu
stehlen. Wenn die stehlende Katze von der dort heimischen Katze erwischt wurde, versuchten sie weitgehend, einen Kampf zu
vermeiden. Normalerweise trugen sie Fauchduelle aus, bis der
Eindringling verschwand.

Die gut umsorgten Hauskatzen in der Sendung fühlten sich
wohl, saßen im Trockenen und mussten nicht jagen gehen. Sie
lebten daher ziemlich stationär. Aber wie bewegen sich Hofkatzen zwischen den Grundstücken und verwilderte Katzen auf
dem Land und in den Randbereichen der Städte? Der schwedische Forscher Olof Liberg war Mitte der 1970er-Jahre der Erste,
der die Bewegungsmuster der Katze studierte. Zu Fuß, zu Pferd
oder im Auto folgte er vier Jahre lang zwischen 55 und 72 Katzen auf dem Militärübungsplatz Revingehed mitten in Skåne.
Obwohl er bei einigen Katzen Funkhalsbänder benutzte, war
das Fernglas das wichtigste Hilfsmittel.

Es handelte sich vorwiegend um zahme Katzen, die regelmäßig Futter bekamen, aber auch sechs bis acht verwilderte Kater
befanden sich in der Gegend. Libergs Studie zeigte, dass Männ-

chen und Weibchen deutlich unterschiedliche Bewegungsmuster aufwiesen. Die Weibchen hatten recht kleine Heimbereiche rund um das Haus, in dem sie aufgewachsen waren. Hier hatten sie jederzeit Zugang zu Futter – eine Voraussetzung dafür, ihre Jungen aufziehen zu können. Die Männchen halfen nicht bei der Nahrungsbeschaffung für die Jungen. Sie bewegten sich in einem größeren Bereich als die Weibchen, und sie zogen sehr viel weiter von zu Hause fort, wenn sie geschlechtsreif wurden. Die verwilderten Kater hatten größere Heimbereiche und waren noch dazu dominanter.

Forscher der University of Illinois wollten ebenfalls herausfinden, ob sich die Bewegungsmuster von zahmen und verwilderten Katzen unterscheiden. In den Jahren 2007 und 2008 legten sie 24 verwilderten und 18 zahmen Katzen in der sogenannten Kornkammer der USA ein Funkhalsband an. In dieser Gegend im Mittleren Westen wird hauptsächlich Getreide angebaut. Auch hier hatten die Männchen deutlich größere Heim-

Mithilfe von GPS und Kameras konnten die Forscher unter anderem herausfinden, dass einige Katzen sich angewöhnt hatten, durch die Katzenklappe in fremde Häuser zu gehen und dort Futter zu stehlen.

bereiche als die Weibchen, und die verwilderten Katzen bewegten sich weiter als die zahmen. Sowohl die Forscher als auch die
Besitzer wunderten sich jedoch über die Inaktivität der zahmen
Katzen. Die meiste Zeit schliefen sie oder bewegten sich nicht.
Sie waren weniger als eine Stunde am Tag in Bewegung, während die verwilderten Katzen sich drei bis vier Stunden am Tag
bewegten. Die verwilderten Katzen waren gezwungen, selbst
nach Nahrung zu suchen, und mussten sich daher wesentlich
mehr anstrengen. Einige verwilderte Männchen hatten riesige
Heimbereiche; ein Mischrassenkater bewegte sich in einem Bereich von mehr als fünf Quadratkilometern. Unabhängig von
der Jahreszeit blieben die Heimbereiche gleich groß. Die verwilderten Katzen kamen jedoch im Winter näher zum Menschen.
Die meisten bewegten sich innerhalb von 300 Metern von den
menschlichen Behausungen. Die Forscher haben verschiedene
Erklärungen für dieses Verhalten. Bei schlechtem Wetter ist
es leichter, in Schuppen und Gärten Schutz zu finden. Außerdem entkommen die Katzen Raubtieren wie Präriewölfen und
Füchsen, wenn sie sich näher an den Häusern aufhalten. Zusätzlich gibt es mehr Möglichkeiten, Beutetiere zu finden, weil
auch Singvögel und Nager im Winter die Nähe des Menschen
suchen. Die meisten verwilderten Katzen sind nachtaktiver als
zahme Katzen. Deswegen können sie den direkten Kontakt mit
den Menschen und ihren Haustieren vermeiden, die in den kal-
ten Winternächten von Illinois meistens zu Hause bleiben.

Verwilderte Katzen scheinen auch in anderen Regionen als
der Kornkammer von den Menschen abhängig zu sein. Ein
spanisch-portugiesisches Forscherteam fing verwilderte Katzen
im 433 Quadratkilometer großen Moura/Barrancos, einem
EU-Naturschutzgebiet an der Grenze zwischen Spanien und
Portugal. Hier lebt auch der Pardelluchs *(Lynx pardinus)*, eine
der seltensten Raubkatzen der Welt. Wenn die Ausbreitungsge-
biete von verwilderten Katzen und Luchsen einander überlap-

pen, besteht die Gefahr, dass die verwilderten Katzen zwei gefährliche Viren übertragen, die zu Katzen-Aids beziehungsweise Krebs beim Luchs führen können. Die Forscher stellten Fallen in unterschiedlichen Abständen von den traditionellen Bauernhöfen auf, zu denen meistens einige Kühe und ein kleines Anbaugebiet gehörten. Alle verwilderten Katzen wurden weniger als 1000 Meter von den Höfen entfernt gefangen. Die Forscher legten anschließend acht der gefangenen Katzen ein GPS-Halsband an. Während der Paarungszeit bewegten sich die Kater weiter von den Bauernhöfen fort, im Durchschnitt vier Kilometer. Aber auch dann begaben sie sich nur zu aufgegebenen Höfen und nicht in die unberührte Natur. Die Forscher glauben, dass der Zugang zu Nahrung, der bei menschlichen Behausungen ja größer ist, sowie die Möglichkeit, Schutz vor Raubtieren zu suchen, die vornehmlichen Erklärungen für diese Bewegungsmuster sind. Es ist offensichtlich, dass verwilderte Katzen sich noch immer auf den Menschen verlassen, was Nahrung und Schutz angeht. Für den Luchs sind das gute Neuigkeiten. Sein Risiko, in engeren Kontakt mit einer verwilderten Katze zu kommen und ihren Viren ausgesetzt zu werden, ist somit gering.

Sicherlich sind in den oben genannten Studien generelle Bewegungsmuster erkennbar. Aber noch deutlicher sind die enormen Unterschiede zwischen den verschiedenen Katzenindividuen. Die meisten verwilderten Katzen legen längere Strecken als zahme Katzen zurück, aber einige zahme Katzen machen längere Ausflüge. Die meisten Weibchen halten sich eher in der Nähe ihres Zuhauses auf als die Männchen, aber einige Weibchen machen längere Ausflüge. Es zeigt sich, dass man verschiedene Individuen beobachten muss, um die Bewegungsmuster der Katzen zu verstehen und zu erklären.

Gefährdete Beutetiere	Region	Anzahl der Katzen mit Sender	Größe des Heim- bereiches	Entfernung vom Zuhause	Ergebnis
Seevögel	Insel Corvo in der Insel- gruppe der Azoren	7 Weibchen 15 Männchen	0,2–20 Hektar	1000 Meter	Zugang zur Beute hatte keinen Einfluss auf das Bewegungs- muster
Eidechsen	Vororte von zwei Städten auf der Südinsel von Neuseeland	19 Weibchen 15 Männchen	0,2–19 Hektar	1200 Meter	Bewegten sich nachts weiter fort als am Tag
Vögel und kleinere Säugetiere	Vorort der Stadt Canberra in Australien	4 Weibchen 6 Männchen	0,02–28 Hektar	900 Meter	Bewegten sich nachts weiter fort als am Tag
Vögel und kleinere Säugetiere	Vorort der Stadt Reading in England	5 Weibchen 15 Männchen	1–4 Hektar	400 Meter	Bewegten sich nachts weiter fort als am Tag

Viele Studien untersuchen, wie man den Einfluss der Katze auf die wilde oder gefährdete Natur eingrenzen kann. Da ist es von umso größerem Interesse, die Bewegungen der Katze zu dokumentieren. Kleinere Wildtiere, die keine Erfahrung mit einem so kompetenten Jäger wie der Katze haben, sind ihr oft- mals hilflos ausgeliefert und stellen eine leichte Beute für die Katze dar. Dies ist beispielsweise auf kleineren Inseln der Fall, auf denen die Katze eingeführt wurde, oder in unberührter Na- tur, die von wachsenden Vorstädten (und somit den Katzen) ein- genommen wird. Einige Beispiele für solche Studien und ihre Ergebnisse siehst du in der Tabelle. Zwei Muster sind deutlich: Katzen bewegen sich nachts sehr viel weiter als am Tag, und sie entfernen sich selten mehr als einen Kilometer von ihrem Zuhause. Das kann als Wegweiser dienen, wenn Städte wach- sen. Man sollte möglichst keine Häuser in weniger als einem Kilometer Abstand von wertvollen Naturgebieten bauen. Sonst besteht das Risiko, dass die Katzen Exkursionen in die Natur unternehmen und die lokale Fauna negativ beeinflussen (siehe Kapitel „Das Raubtier Katze", S. 45).

FORSCHER ERKLÄREN: DER HEIMBEREICH DER KATZE

- Katzen haben einen Heimbereich und kein streng abgestecktes Revier. Die Heimbereiche mehrerer Katzen können einander überlappen, und die Grenze zwischen den Bereichen wird nicht bis aufs Blut verteidigt.

- Heimbereiche können so aufgeteilt werden, dass die Katzen einander nie begegnen; die eine Katze ist tagsüber dort, die andere nachts.

- Zahme Katzen bewegen sich selten weiter als einen Kilometer von ihrem Zuhause fort, das meistens das Zentrum ihres Heimbereichs ist, eher sind es einige Hundert Meter.

- Besonders Weibchen sind ihrem Zuhause treu, da sie dort leichten Zugang zu Nahrung haben, die sie für die Aufzucht ihrer Jungen benötigen. Männchen bewegen sich weiter von ihrem Zuhause fort und bewegen sich durch ein größeres Gebiet.

- Unkastrierte Katzen haben normalerweise einen größeren Heimbereich als kastrierte.

- Verwilderte Katzen bewegen sich mehrere Stunden am Tag und durch einen sehr viel größeren Bereich als zahme Katzen. Einige haben Heimbereiche, die sich über mehrere Quadratkilometer erstrecken.

- Im Winter nähern sich die meisten verwilderten Katzen den menschlichen Behausungen, weil sie dort Schutz vor schlechtem Wetter und großen Raubtieren sowie mehr Nahrung finden.

Das Raubtier Katze

EINE ZAHME UND ZUGEWANDTE Schmusekatze zu Hause, ein wildes und effektives Raubtier vor der Tür. Ihre heutige Rolle als Haustier hat unsere Sichtweise auf die Katze verändert, und wir können ihre doppelte Natur nur schwer akzeptieren. Und das, obwohl sie immer noch dieselben Eigenschaften hat, die der Mensch seit Tausenden von Jahren kennt und schätzt. Auch wohlgenährte, zahme Katzen töten Singvögel und kleinere Säugetiere. Aber wie groß ist dieses Problem? Kann man die Anzahl der getöteten Kleintiere beziffern?

Mehrere Forscher haben versucht, zu einem mehr oder minder qualifizierten Urteil zu kommen. Mitte der 1990er-Jahre berechnete Sören Svensson in der Zeitschrift *Ornis Svecica,* dass Katzen in Schweden jährlich etwa 10 Millionen Vögel töten. Diese Schätzung beruhte auf wenigen Studien und vielen Annahmen, und Svensson betonte deshalb, man solle die Bedeutung der Katze als Raubtier nicht überschätzen. Doch die Zahl hat sich allgemein festgesetzt und wird in Debatten oft als Argument gegen Katzen vorgebracht.

In den 20 Jahren seit Svenssons Schätzung wurde viel Forschung betrieben. Deshalb ist es höchste Zeit, aus den aktuellen Daten eine neue Schätzung abzuleiten, wie viele Vögel Katzen in Schweden reißen. Der Fokus liegt deshalb auf Vögeln, weil wir getötete Vögel oft als größeres Problem ansehen, als wenn die Katze Mäuse frisst. Im Allgemeinen sind kleinere Säugetiere die häufigste Beute von Katzen weltweit. Kerrie Anne Loyd hat die Ergebnisse von sieben verschiedenen Studien in Europa, den USA und Australien zusammengefasst. Säugetiere dominierten in allen Studien; Vögel waren die zweithäufigste Beute. Grob gesagt waren drei von vier Malen Säugetiere die Beute, jedes vierte Mal war es ein Vogel. Eidechsen, Schlangen, Frösche, Spinnen und Insekten machten einen verschwindend geringen Anteil der Beute aus.

Wie viele Vögel fängt eine typische Katze pro Jahr? Vor Kurzem lieferten amerikanische Forscher unter der Leitung von Scott Loss in der Zeitschrift *Nature Communications* hierzu einen Überblick. Eine typische Katze in Europa fängt zwölf Vögel pro Jahr (Durchschnitt von sieben Studien), in den USA 18 Vögel pro Jahr (vier Studien) und in Australien und Neuseeland sechs Vögel pro Jahr (sieben Studien). Dabei rechne ich damit, dass nur die Hälfte aller Beutevögel von den Katzen nach Hause gebracht und Frauchen und Herrchen präsentiert werden. Die Schätzung von zwölf Vögeln pro Katze und Jahr unterscheidet sich kaum von der Zahl, die Sören Svensson errechnet hatte (zehn Vögel pro Katze und Jahr). Heutzutage haben wir jedoch genauere Informationen als früher darüber, wie viele zahme Katzen es in Schweden gibt. Das statistische Zentralamt Schwedens (SCB) befragte dazu 20 000 Personen. 2012 gab es gut eine Million zahme Katzen in Schweden – genauer gesagt 1 159 000 Katzen –, was einen Rückgang von etwa acht Prozent im Vergleich zur SCB-Untersuchung von 2006 bedeutet. Mit einer einfachen Gleichung können wir nun ausrechnen, dass die Katzen in Schweden fast 14 Millionen Vögel pro Jahr töten. Eine deutlich höhere Summe als die frühere vorsichtige Schätzung von 10 Millionen.

Die Forscher hinter dem Artikel in *Nature Communications* hatten jedoch auch versucht, die Anzahl der verwilderten Katzen in den USA zu schätzen. Es sind gewiss nicht so viele wie die zahmen Katzen, aber eine verwilderte Katze reißt dreimal so viel Beute wie eine zahme Katze. Als Scott Loss das in seine Rechnungen mit einbezog, war die Summe bestürzend: In den USA werden jährlich zwischen einer und vier Milliarden

Vögel von Katzen getötet. In der Schätzung von Svensson waren verwilderte Katzen nicht eingerechnet. Niemand weiß, wie viele verwilderte Katzen in Schweden leben, aber in den Massenmedien ist immer wieder von 100 000 die Rede. Wenn wir von dieser Zahl ausgehen, muss die Summe erneut angepasst werden. Zahme und verwilderte Katzen in Schweden töten demnach etwa 17,5 Millionen Vögel pro Jahr. Wenn nur ein Viertel der Katzenbeute Vögel sind und der Rest kleine Säugetiere, bedeutet das, dass gut 50 Millionen Wühlmäuse und Mäuse jährlich von Katzen getötet werden.

Die Anzahl der Vogelpärchen in Schweden ist jedes Jahr relativ konstant. Laut der schwedischen Vereinigung zum Vogelschutz Sveriges Ornitologiska Förening gab es 2012 etwa 140 Millionen Vögel beziehungsweise 70 Millionen Vogelpärchen. Wenn diese Pärchen den Sommer über im Schnitt drei Jungvögel erfolgreich aufziehen, gibt es im Spätsommer insgesamt 350 Millionen Vögel in Schweden. Etwa fünf Prozent der Vögel landen im Schlund einer Katze. Natürlich ist dies nur ein Herumspielen mit Zahlen, und alle Schätzungen sind mit Vorsicht zu genießen. Aber es ist unbestreitbar, dass zahme und verwilderte Katzen jährlich einen großen Anteil von Schwedens Vögeln töten.

Die Frage ist jedoch, ob die Jagd der Katzen die Anzahl der jährlich überlebenden Vögel beeinflusst. Da die Anzahl der Vögel in Schweden konstant ist, kann man davon ausgehen, dass gut 200 Millionen junge und alte Vögel bis zur nächsten Brutzeit überleben. Besonders bei jungen Vögeln ist die Sterberate sehr hoch. Viele sterben, weil sie nicht genug Nahrung finden, den Flug zum Winterquartier nicht schaffen, von Autos überfahren werden, gegen Fensterscheiben fliegen, Krankheiten zum Opfer fallen, von Raubtieren getötet werden und aus vielen anderen Gründen. Katzen sind Opportunisten, die die Gelegenheit ergreifen, wenn sie sich ihnen bietet. Sie fangen gerne einen naiven Jungvogel, der noch nicht schlau genug zum Wegfliegen ist, oder einen älteren Vogel, der im Winter unbeweglich unter dem Vogelhaus sitzt. Manchmal hört man die Auffassung, dass die Jagd in diesem Zusammenhang eine gute Tat ist, weil diese Vögel ohnehin sterben würden und so nicht leiden müssen, aber so einfach ist es nicht. Untersuchungen in unterschiedlichen Teilen Europas zeigen, dass ein Zusammenhang zwischen der Anzahl der Beutetiere und der Katzendichte besteht: Wenn es genügend Katzen gibt, wird die Anzahl der Vögel in der Gegend so gering, dass es für jede der Katzen schwieriger wird, noch Vögel zu fangen. Katzen nehmen zumindest lokal auf die Vogelpopulation Einfluss und können sie vermindern oder sogar verschwinden lassen. Dem Raubtier Katze am meisten ausgesetzt sind Vögel in Stadtparks und Vorortgärten, Vögel, die auf dem Boden nach Nahrung suchen, die in der Morgen- oder Abenddämmerung aktiv sind, Vögel, die offene Nester auf der Erde oder in Büschen haben sowie Vögel, die im Winter zum Futterhaus kommen. Zu diesen Arten zählen unter anderem Rotkehlchen, Drosseln, Bachstelzen, Pieper, Finken, Spatzen, Stieglitze und Meisen. Auch Vögeln, die in Brutkästen nisten, kann es schlecht ergehen, wenn die Katzen den Eltern auflauern, die ihre Jungen im Bau füttern wollen.

Zu allem Übel reicht es manchmal sogar, wenn eine Katze die Vögel an ihrem Nest ein einziges Mal stört, damit die Brut fehlschlägt. Das zeigten Colin Bonnington und Kollegen 2013 mit einem Experiment im englischen Sheffield. 15 Minuten lang ließen die Forscher eine ausgestopfte Katze auf ein Amselnest „starren", in dem sich Eier oder Jungvögel befanden. Der Abstand zwischen Katze und Nest betrug zwei Meter; als Kontrollelement verwendeten die Forscher ein ausgestopftes Kaninchen. Dieses Schauspiel wiederholten sie an einer großen Anzahl aktiver Amselnester, aber pro Nest nur einmal. Die Forscher konnten konstatieren, dass die Amseleltern in Aufregung gerie-

Es reicht eine Störung am Nest, schon kann die Brut fehlschlagen. In einem Experiment mit einer ausgestopften Katze gerieten Amseln mit Jungvögeln dermaßen in Aufregung, dass Nestplünderer wie Elster und Krähe angelockt wurden. Diese Bruten schlugen in größerem Ausmaß fehl als bei der Verwendung eines ausgestopftes Kaninchens, das die Forscher zum Vergleich einsetzten.

ten und vor der Katze warnten, aber nicht vor dem Kaninchen. Hatten die Amseln ältere Jungvögel im Nest – und somit bereits mehr Zeit und Energie in die Aufzucht investiert –, attackierten die Eltern die ausgestopfte Katze sogar. Fast zwei Stunden, nachdem die Katze verschwunden war, waren die Eltern noch immer aufgeregt, und die Jungvögel im Nest bekamen 30 Prozent weniger Nahrung – ein Faktor, der auf lange Sicht das Überleben der Jungvögel beeinflussen kann.

Aber das Drama ging auch an anderen nicht unbemerkt vorbei. Die Nester, die von der ausgestopften Katze besucht worden waren, wurden an den folgenden Tagen eher von Krähenvögeln ausgeraubt als diejenigen, die nur von einem ausgestopften Kaninchen angestarrt worden waren.

Zum ersten Mal hatten Forscher hiermit bewiesen, dass eine Störung am Nest bereits ausreicht, um die Brut von einzelnen Vogelpärchen zu beeinträchtigen. Vielleicht kann dies auch auf lange Sicht die Größe der Vogelpopulation beeinflussen, denn eine Störung geschieht sicher sehr viel häufiger, als dass die Katzen tatsächlich erfolgreich Beute fangen.

Der Mensch hat die Katze auf vielen einsamen Inseln in den Weltmeeren eingeführt. Oft war der Hintergedanke, dass sie die Anzahl der Ratten reduzieren soll, die ebenfalls vom Menschen eingeführt worden waren, aber in dem Fall unabsichtlich als blinde Passagiere. Leider zeigt es sich immer wieder, dass die Katze als Opportunistin lieber leichtere Beute fängt als Ratten. Die einzigartige Fauna der meisten Inseln ist im Lauf der Evolution nie auf ein so versiertes Raubtier wie die Katze getroffen. Flugunfähige Rallen waren oft die ersten Vögel, die der Katze zum Opfer fielen. Bis heute sind laut der Weltnaturschutzunion IUCN nicht weniger als 33 Arten Vögel, Säugetiere und Repti-

Ein Lätzchen aus Neopren hat sich als effektives Mittel erwiesen, um den Jagderfolg der Katze zu begrenzen. Es hindert sie daran, die Beute mit den Vorderpfoten zu fangen. Trotzdem waren wenige Katzenbesitzer bereit, das Lätzchen nach der Versuchsreihe weiterzuverwenden.

lien von der Katze ausgerottet worden. Auf mehreren kleineren Inseln hat man erfolgreich Kampagnen durchgeführt, bei denen verwilderte Katzen eingefangen und getötet wurden; zwischen 2001 und 2004 beispielsweise auf der tropischen Insel Ascension im Südatlantik. Dort brüten Hunderttausende Braunrücken-Seeschwalben auf der Erde, und die Jungen wurden leicht Opfer der eingeführten Katzen. Zur Verwunderung der Forscher besserte sich der Bruterfolg bei den Seeschwalben nicht, als die Katze verschwand. Ratten und Hirtenmainas, eine Starenart, hatten die Rolle der Katze als Räuber von Eiern und Jungtieren in den Brutkolonien übernommen. Die Ratten tanzten buchstäblich auf dem Tisch, als die Katzen fort waren.

Wie soll man also den negativen Einfluss der Katze auf wilde Beutetiere beschränken? Verwilderte Katzen auszurotten ist eine ziemlich drastische Maßnahme, die sich im Grunde nur auf kleinen, isolierten Inseln durchführen lässt. Australiens Umweltminister gab jedoch im Sommer 2015 bekannt, dass die Regierung einen ernsthaften Versuch unternehmen wird, verwilderte Katzen in einigen Regionen des riesigen Kontinents auszurotten. Es gibt schätzungsweise 20 Millionen verwilderte Katzen in Australien, und bis 2020 sollen zwei Millionen von ihnen ihr Leben lassen, damit gefährdete Arten wieder einen Lebensraum bekommen. Viele Menschen sind der Meinung, dass Katzen eine der Hauptursachen dafür sind, dass immer mehr Tierarten in

Australien geringere Populationen aufweisen. In immer weniger australischen Haushalten leben Katzen. Viele Katzenbesitzer spüren wohl den sozialen Druck, keinen neuen Stubentiger mehr anzuschaffen. Der australische Forscher Michael Calver untersuchte eine Möglichkeiten, die Beutezüge von Katzen zu vereiteln: Er testete die Wirksamkeit von Katzenlätzchen aus Neopren. Drei Wochen lang trugen 56 Katzen das Lätzchen. Alle Katzen bis auf eine akzeptierten das Lätzchen und schienen davon nicht nennenswert beeinträchtigt zu sein. Die Besitzer sammelten drei Wochen lang die Beute ein, die ihre Katzen jeweils mit und ohne Lätzchen nach Hause brachten. Das Lätzchen funktionierte wie geplant. Die Anzahl der von den Katzen gefangenen Vögel lag bei 16 mit Lätzchen und 49 ohne Lätzchen. Die entsprechende Zahl für die Säugetiere lag bei 59 mit und 195 ohne Lätzchen.

Obwohl dies offenbar eine effektive Möglichkeit ist, zeigte sich nur die Hälfte der Katzenbesitzer einer weiteren Verwendung des Lätzchens gegenüber positiv eingestellt. Die meisten Besitzer hatten schon andere Methoden ausprobiert, um den Jagderfolg ih-

Faktoren	Ein wie großer Anteil kam mit Beute nach Hause?	Statistisch gesicherter Unterschied
Geschlecht	Weibchen: 33 % Männchen: 39 %	Nein
Kastriert oder nicht	Unkastriert: 24 % Kastriert: 38 %	Ja
Katzentyp	Rassekatze: 24 % Mischrasse: 38 %	Ja
Anzahl der Katzen im Haushalt	Zwei oder mehr: 25 % Eine oder zwei: 38 %	Ja
Nachts im Haus	Ja: 28 % Nein: 45 %	Ja
Gewicht	Normal: 34 % Übergewichtig: 41 %	Nein
Anzahl der Mahlzeiten pro Tag	Eine: 37 % Mehr als eine: 43 %	Nein

rer Katzen zu schmälern. Fast alle verwendeten Halsbänder mit Glöckchen, was laut früheren Studien gut funktioniert.

Katzen mit solchen Halsbändern fingen 34 bis 48 Prozent weniger Beute. Einige Besitzer schimpften mit ihren Katzen, wenn sie mit Beute nach Hause kamen. Aber das half überhaupt nicht, sondern führte höchstens dazu, dass die Katze die Beute draußen fraß oder am Fangplatz liegen ließ. Die Katzenmutter bringt ihre Beute nach Hause, um ihre Jungen mit dem Jagen vertraut zu machen. Erst bringt die Katzenmutter tote Beute heim, dann halbtote, bis sie ihre Jungen schließlich zur richtigen Jagd mitnimmt. Warum Einzelkatzen Vögel und kleine Säugetiere zu uns Menschen nach Hause bringen, ist nicht ganz sicher. Aber die Vermutung liegt nahe, dass die Katze uns entweder beibringen will, wie man jagt, oder zur Ernährung im Haushalt beitragen möchte. Zu schimpfen, wenn die Katze mit Beute nach Hause kommt, wird sie am ehesten verwirren.

Sind bestimmte Typen von Katzen bessere Jäger als andere? Der Tierarzt I. D. Robertson aus Perth in Australien hat dies mithilfe von Telefoninterviews mit 458 Haushalten untersucht, in denen insgesamt 644 Katzen lebten (siehe Tabelle auf der vorigen Seite). Mischrassenkatzen fingen mehr Beute als Rassekatzen, und das lag nicht daran, dass die Rassekatzen mehr Zeit im Haus verbrachten. Kastrierte Katzen brachten mehr Beute heim als unkastrierte. Katzen, die nachts im Haus bleiben mussten, fingen weniger Beute als Katzen, die nachts draußen sein durften. Wenn eine oder zwei Katzen im Haushalt lebten, fing jede einzelne mehr Beute, als wenn drei oder vier Katzen im Haushalt lebten. Abschließend zeigte sich, dass es keine Rolle spielte, wie oft die Katzen Fressen bekamen oder welche Art Futter es war. Der Jagdinstinkt verschwindet weder bei einem vollen Magen noch bei exklusivem Futter. Hingegen weist eine Studie von Eduardo Silva-Rodriguez und Kathryn Sieving aus Chile darauf hin, dass Katzen, wenn sie täglich hungern, mehr Beute jagen.

FORSCHER ERKLÄREN:
DAS RAUBTIER IN DER KATZE

- Jede Katze reißt ungefähr zwölf Vögel pro Jahr. Etwa die Hälfte wird Frauchen und Herrchen gezeigt, die andere Hälfte draußen zurückgelassen.

- Nur ein Viertel der Gesamtbeute sind Vögel. Kleinere Säugetiere wie Mäuse machen den Großteil der im Freien gefangenen Beute aus.

- Verwilderte Katzen reißen im Schnitt dreimal so viel Beute wie zahme Katzen.

- Gut eine Million zahme Katzen und 100 000 verwilderte Katzen in Schweden töten jährlich 17,5 Millionen Vögel und gut 50 Millionen kleinere Säugetiere.

- Um die fünf Prozent der Sterberate bei Vögeln wird vom Raubtier Katze verursacht.

- Eine einzige Störung am Nest durch eine Katze kann ausreichen, damit das Brutresultat schlechter ausfällt oder die Brut fehlschlägt.

- Wirksame Mittel, um den Jagderfolg der Katze zu mindern, sind unter anderem ein Halsband mit Glöckchen und ein Neoprenlätzchen. Es hilft auch, die Katze nachts im Haus zu behalten.

- Der Katze viel Futter zu geben und zu hoffen, dass sie keine wilde Beute jagt, funktioniert nicht. Der Jagdinstinkt bleibt trotzdem bestehen. Wenn die Katze allerdings täglich Hunger hat, steigt die Anzahl der gefangenen Beute.

- Schimpf nicht mit der Katze – aber lobe sie auch nicht –, wenn sie mit Beute nach Hause kommt. Entsorge die Beute lieber ohne viel Aufhebens.

Die rollige Katze

WENN DIE TAGE ZUM FRÜHLING hin länger werden, erwachen die Weibchen zum Leben und werden rollig. In den nördlichen Breitengraden geschieht dies hauptsächlich am Märzanfang, weiter südlich im Januar oder Februar. Im späteren Frühling, etwa im April und Mai, folgt eine kleinere Spitze, wenn viele Weibchen erneut rollig werden. Es ist aber auch nicht ungewöhnlich, dass einige Weibchen ganzjährig rollig werden.

Rollige Katzen haben ein vollkommen verändertes Verhalten. Sie sind aktiver, nervöser und zärtlicher, zeigen den Nachbarskatern mit Schreien und Klagen, dass sie paarungsbereit sind, versprühen hier und da Urin, markieren, indem sie ihre Stirn und Wangen an verschiedenen Dingen reiben, rollen auf dem Boden herum, trampeln mit den Hinterbeinen auf der Stelle und liegen mit erhöhtem Hinterteil. Nach fünf bis acht Tagen hört diese für Herrchen und Frauchen recht anstrengende Phase wieder auf. Auch für die Katze ist die Rolligkeit sehr stressig und ermüdend, oft magert sie währenddessen regelrecht ab. Wenn sie sich nicht paart, dauert es im Durchschnitt drei Wochen, bis alles wieder von vorn beginnt.

Währenddessen konkurrieren die Männchen um die rolligen Katzen. Wenn abschreckendes Knurren und Fauchen nicht hilft, kommt es zu lauten Kämpfen, bei denen jeder seine Überlegenheit beweisen will. Diese Kämpfe finden ihren Höhepunkt, wenn die Katze am rolligsten ist. Dass es zwischen den unterschiedlichen Männchen eine Hierarchie gibt, wissen wir bereits. Einige Kater dominieren über andere, vielleicht abhängig von ihrem überlegenen Körperbau oder ihrer Kühnheit bei Keilereien. Aber paaren sich dominante Männchen mit mehr Weibchen?

Oder wählen die Weibchen ihre Partner nach ganz anderen Kriterien aus als danach, wie tough sie kämpfen? Diese Frage hat ein französisch-italienisches Forscherteam versucht zu beantworten, indem sie zwei Katzengruppen in Rom und Lyon studiert hat.

In der römischen Innenstadt beobachteten die Forscher insgesamt 81 Katzen, die in historischen Ruinen in der Nähe des Bahnhofs lebten. Die Katzen waren vom Menschen abhängig, ihre Ernährung bestand aus Essensabfällen vom naheliegenden Markt oder aus Futter, das ihnen freundliche Menschen zukommen ließen. Sobald ein Weibchen rollig wurde, beobachteten die Forscher sie vier Stunden täglich über einen Zeitraum von vier Tagen. Welche Kavaliere durften sich ihr nähern, und welche wies sie mit aggressivem Verhalten ab? Es zeigte sich, dass die dominanten Männchen sich nicht mit mehr Weibchen paaren durften und auch nicht öfter. Die Weibchen nahmen es bei der Partnerwahl also offenbar nicht so genau. Sieben Weibchen paarten sich mit mehreren Männchen und wiesen keine Vorliebe für einen bestimmten Partner auf. Sechs andere Weibchen paarten sich ebenfalls mit mehreren Männchen, ließen aber zu, dass sich bestimmte Kandidaten öfter mit ihren paarten. Es war jedoch nicht das gleiche Männchen bei allen sechs Katzen gleich beliebt.

In Lyon drangen die Forscher noch tiefer in die Materie vor, indem sie untersuchten, ob dominante Männchen mehr Nachkommen zeugten als Männchen von geringerem Rang. Die Forscher fragten sich außerdem, ob dominante Männchen weniger Erfolg haben, wenn alle Weibchen zeitgleich rollig sind: Heimliche Paarungen mit Männchen geringeren Ranges sind dann für das dominante Männchen schwieriger zu verhindern. Im Garten des Krankenhauses La Croix-Rousse wurde eine Gruppe von etwa 50 Katzen vom Krankenhauspersonal ernährt. Drei Jahre lang studierten die Forscher, wann die insgesamt 30 Weibchen rollig waren. Außerdem fingen sie sowohl die Katzeneltern als auch die Jungen alle sechs Monate ein, um Haarproben von ihnen zu entnehmen. Es zeigte sich, dass die dominanten Männchen mehr Nachkommen zeugten, aber nur, wenn die Weibchen zu unterschiedlichen Zeiten rollig waren. Sind mehrere Weibchen gleichzeitig rollig, verbringt der dominante Kater weniger Zeit bei jedem Weibchen, und die Chance auf eine erfolgreiche Paarung wird geringer. Es ist mehr als eine Paarung nötig, damit das Männchen Vater von so vielen Katzenjungen wie möglich wird, denn der Eisprung findet bei den Weibchen innerhalb von ein bis zwei Tagen nach der ersten Paarung statt. Wenn mehrere andere Männchen sich danach mit dem Weibchen paaren, kann das also dazu führen, dass die Katzenjungen eines Wurfs verschiedene Väter haben.

Leben zahme Katzen in der Gruppe, sind die Weibchen in aller Regel gleichzeitig rollig. Das bevorzugen die dominanten Männchen zwar nicht, aber für die Weibchen hat es mehrere Vorteile. Mehr Paarungen führen dazu, dass mehr Eier befruchtet werden. Bei etwa 75 Prozent aller Würfe in städtischen Gegenden haben die Katzenjungen desselben Wurfs zwei oder mehr Väter. Diese Vielfalt ungleicher Gene in einem Wurf ist vorteilhaft für die Fähigkeit der Katze, sich an ein Leben mit und in der Nähe von Menschen anzupassen. Ein weiterer Vorteil, wenn die Jungen gleichzeitig geboren werden, besteht darin, dass die Weibchen die Bürde der Aufzucht gemeinsam tragen können. Außerdem nimmt das Risiko ab, dass dominante Männchen sich aggressiv gegenüber den Jungen aufführen, wenn die Unsicherheit über die Vaterschaft so groß ist. Wie beim Löwen kommt Infantizid auch bei den Hauskatzen vor, das heißt, der dominante Kater tötet die Jungen, die nicht seine Nachkommen sind.

Es ist offensichtlich, dass Weibchen und Männchen ganz unterschiedliche Strategien verfolgen, was die Paarung angeht. Welche am erfolgreichsten ist, hängt von den Lebensumständen der Katze ab. Die hier genannten Studien wurden an Katzengruppen durchgeführt, die genug Nahrung und Schutz hatten. Das kann auf dem Land ganz anders aussehen, wenn die Anzahl der Katzen geringer ist und die Nahrung begrenzt. Dann kann es stattdessen von Vorteil für die Katze sein, sich an einen dominanten Kater zu halten, der das beste Heimgebiet und somit die meiste Nahrung für ihre Jungen hat.

FORSCHER ERKLÄREN: DIE PAARUNG DER KATZE

- Wenn das Tageslicht im Frühjahr zunimmt, werden die Weibchen rollig. In Schweden ist das oft Anfang März der Fall, weiter südlich in Europa im Januar und Februar.

- Die Rolligkeit ist an fünf bis acht Tagen am intensivsten und findet bei ausbleibender Deckung nach drei Wochen erneut statt.

- Die Weibchen paaren sich mehrfach, damit so viele Eier wie möglich befruchtet werden.

- Der Eisprung erfolgt ein bis zwei Tage nach der ersten Paarung.

- Weibchen paaren sich oft mit mehreren Männchen, wenn sich die Gelegenheit ergibt.

- Katzen, die in Gruppen leben, sind oft zeitgleich rollig.

- Die Rolligkeit ist für die Weibchen stressig und kann zu Abmagerung führen. Deswegen solltest du dein Weibchen kastrieren lassen, wenn du nicht vorhast, sie Nachwuchs bekommen zu lassen. Heutzutage werden leider allzu viele unerwünschte Katzen geboren.

- Eine Alternative zur Kastration ist die Pille. Diese Methode sollte jedoch nicht über einen längeren Zeitraum angewendet werden, weil die Pille zu Gebärmutterentzündung und Gesäugetumoren führen kann.

- Auch Kater, die nicht zur Zucht verwendet werden, sollten kastriert werden, damit sie ein entspannteres Leben führen können.

DIE SINNE DER KATZE

Sehen, Hören, Schmecken, Riechen und Fühlen sind die fünf Sinne, die alle Säugetiere gemeinsam haben. Der sechste Sinn der Katze ist ihr unglaubliches Vermögen, die Balance zu halten. Und falls sie trotzdem einmal fällt, landet sie auf allen Vieren. In den folgenden fünf Kapiteln erfährst du, wie die Katze ihre Umwelt wahrnimmt.

Das Gedächtnis der Katze

EINS, ZWEI, DREI ... wo ist der Ball? Du hast sicher schon einmal den Trick mit den drei Bechern und der einen Kugel gesehen. Mit schnellen Handbewegungen bewegt der Straßenspieler eine kleine Papierkugel zwischen drei umgedrehten Bechern hin und her. Deine Aufgabe ist es, zu raten, unter welchem Becher die Kugel am Ende liegt. Manchmal verhalten sich Forscher wie Spieler und machen ähnliche Tricks vor einem Publikum, das aus einer Katze besteht. So wollen sie herausfinden, wie das Gedächtnis der Katze funktioniert.

Eine Gruppe deutscher Forscher unter der Leitung von Cornelia Kraus hat 2014 die Ergebnisse einer solchen Studie publiziert. Um es der Katze oder dem Hund etwas einfacher zu machen, verwendeten die Forscher nur zwei Becher und zeigten mit ausgestrecktem Zeigefinger ein paar Sekunden auf den Becher, unter dem die Belohnung in Form eines Leckerlis lag. Die teilnehmenden Tiere wurden zunächst darauf trainiert, dass sie ein Leckerbissen erwartete, wenn sie korrekt wählten. Die Katzen wurden dabei des Spielchens schneller müde als die Hunde. Wenn die Katzen zwei- bis dreimal hintereinander nicht richtig wählten – und also auch keine Belohnung bekamen –, gaben sie auf. Schließlich konnten die Forscher aber doch 17 Katzen und 40 Hunde trainieren, die am Experiment teilnahmen. Sie schnüffelten in etwa 70 Prozent der Fälle am richtigen Becher. Aber es zeigte sich, dass die Hunde sich schneller ablenken ließen und die Katzen konzentrierter waren. Wenn die Forscher direkt hinter den Bechern standen, wählten die Hunde öfter falsch, als wenn die Becher jeweils einen guten Meter entfernt auf beiden Seiten des Forschers standen. Eine Interpretation für dieses Ergebnis ist, dass Hunde eine schlechtere Impulskontrolle haben als Katzen und dass sie die Becher selbst mehr anstarren als den ausgestreckten Zeigefinger. Eine andere Erklärung kann sein, dass die Katzen in der Natur oft geduldig auf Beute warten und von Bewegungen, beispielsweise von einer Maus, getriggert werden. Vielleicht verstehen die Hunde besser, was wir ihnen mit dem ausgestreckten Zeigefinger sagen wollen, während die Katzen instinktiv den Bewegungen folgen? Und ist das vielleicht der Grund, warum Laserpointer eher ein Spielzeug für Katzen sind als für Hunde? Deine Katze kann sich schließlich stundenlang amüsieren, wenn sie den Leuchtpunkt zu fangen versucht, der sich über Boden und Wände bewegt.

Katzen auf der Jagd sind geduldig. Wenn sie glauben, dass ihre Beute im Grün versteckt ist, können sie lange still sitzen und auf die richtige Gelegenheit warten. Früher oder später verrät die Maus mit einer unvorsichtigen Bewegung ihre Position in der Wiese. Einen kurzen Angriff später ist sie gefangen. Aber wie lange kann eine Katze sich konzentrieren und im Gedächtnis behalten, wo sich ihre potenzielle Beute zuletzt befand? Das interessiert Forscher seit Langem. Der erste wissenschaftliche Artikel zu dem Thema wurde vor fast 100 Jahren veröffentlicht, und das Forschungsfeld ist heute noch genauso aktiv. Zwei kanadische Forscher, Sylvain Fiset und François Doré, bedienten sich vor Kurzem des Tricks mit den Bechern und der Kugel. Sie verwendeten vier Becher, auf die sie unterschiedliche geometrische Symbole gezeichnet hatten. 24 Katzen nahmen an dem Experiment teil. Sie durften die Kugel erst sehen und mussten dann hinter einer geschlossenen Tür warten, ehe sie danach su-

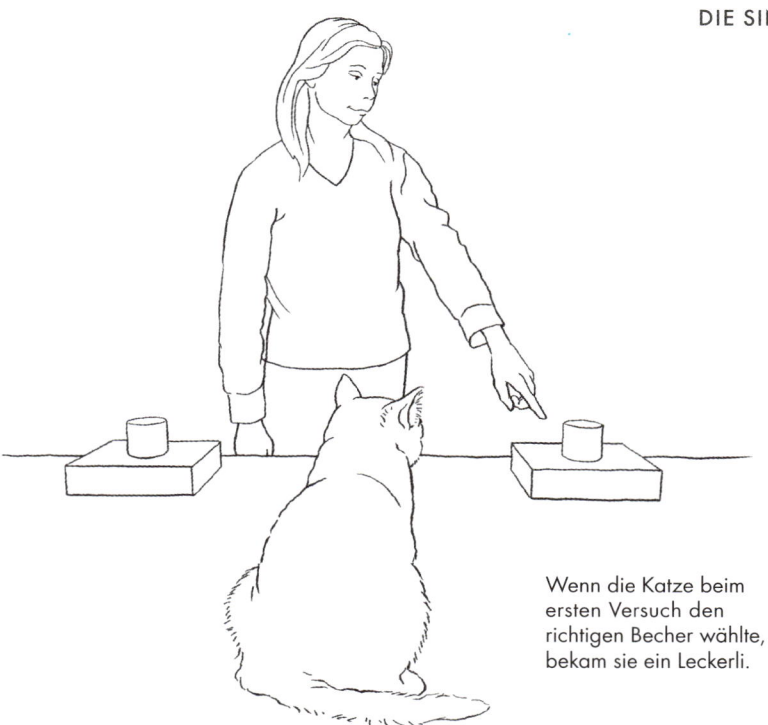

Wenn die Katze beim ersten Versuch den richtigen Becher wählte, bekam sie ein Leckerli.

chen durften. Die Forscher fragten sich, ob die Katzen die Symbole auf den Bechern als Erinnerungsstütze benutzen würden, um die Kugel zu finden. Wie in der deutschen Studie bekamen die Katzen ein Leckerli, wenn sie beim ersten Versuch richtig wählten. Die Forscher verglichen die Ergebnisse auch damit, wie Hunde auf denselben Versuchsaufbau reagierten.

Den Katzen gelang es besser, die Kugel sofort und nach zehn Sekunden zu finden als nach 30 und 60 Sekunden. Aber auch nach 60 Sekunden hinter der geschlossenen Tür lag ihre Erfolgsquote bei über 50 Prozent. Die Symbole halfen den Katzen jedoch nicht dabei, die Kugel leichter zu finden. Wählten sie beim ersten Versuch den falschen Becher, suchten sie immer unter dem nächstgelegenen weiter. Die Forscher schlossen daraus, dass die Katzen sich die Platzierung des Bechers im Raum gemerkt hatten, nicht, wie der Becher selbst oder seine nähere Umgebung aussah. Die Hunde konnten sich die Platzierung der Kugel nach 30 und 60 Sekunden besser merken als die Katzen. Aber die Forscher betonten, dass Alter und Rasse bei Hunden und Katzen eine große Rolle für das Ergebnis spielen können. Darum sollte man diesen Versuch mit verschiedenen Hunde- und Katzenrassen und unterschiedlichen Alterskonstellationen wiederholen. Nur dann kann man sagen, dass das Gedächtnis des Hundes dem der Katze überlegen ist.

Es ist sehr schwierig, diese Art der Forschung gut durchzuführen. Katzen haben generell ein geringeres Bedürfnis, gelobt zu werden, und verlieren schneller das Interesse als Hunde. Die Verhältnisse bei einem kontrollierten Experiment entsprechen nie den natürlichen Bedingungen, und das Ergebnis sagt deshalb vielleicht mehr über den Willen (oder Unwillen) der Tiere aus, gefällig zu sein, als über ihr tatsächliches Erinnerungsvermögen.

FORSCHER ERKLÄREN: DAS GEDÄCHTNIS DER KATZE

 Katzen können lange Zeit geduldig auf eine versteckte Beute warten.

 Der Jagdinstinkt wird häufig durch eine Bewegung ausgelöst, und wenn sich die potenzielle Beute eine Weile nicht bewegt, verliert die Katze das Interesse.

 Wie lange sich Katzen daran erinnern können, wo sich eine potenzielle Beute befindet, wissen Forscher bis heute nicht. Wenige Experimente wurden unter natürlichen Bedingungen durchgeführt.

 Katzen haben gelernt, die visuellen Signale des Menschen zu verstehen. Ein ausgestreckter Zeigefinger kann darauf hinweisen, wo sich eine Belohnung befindet. Entweder folgt die Katze der Bewegung selbst aus reinem Instinkt heraus, oder sie erinnert sich vom vorigen Mal, dass eine Belohnung sie erwartet.

Hört deine Katze auf dich?

VIELE TIERE HABEN WIE die Menschen die Fähigkeit, ihre Kinder, ihren Partner oder ihre Verwandten nur durchs Hören wiederzuerkennen. Kleine individuelle Unterschiede in der Tonhöhe oder Klangfarbe reichen, damit sie wissen, wer es ist. Beispiele gibt es viele: Weibchen bei Flaschennasendelfinen können aus weiter Entfernung das Pfeifen und die Klicklaute ihrer eigenen Jungen erkennen, Trottellummen wagen den Schritt in die Welt hinaus, wenn sie ihre Eltern vom Wasser unter den Klippen locken hören, und die Grüne Meerkatze versteht durch einen einzigen Schrei, ob ihr Junges in Gefahr ist, wenn der Leopard kommt.

Nicht nur innerhalb derselben Art, sondern auch zwischen unterschiedlichen Arten können viele Tiere verschiedene Laute wiedererkennen und korrekt deuten. In der amerikanischen Zeitschrift *Proceedings of the National Academy of Sciences* bewies die berühmte Elefantenforscherin Cynthia Moss mit ihren Kollegen, dass Elefanten nur anhand von abgespielten Aufnahmen das Geschlecht und Alter von Menschen unterscheiden können. Wenn Familiengruppen von Elefanten im Amboseli-Nationalpark in Kenia die Aufnahmen von Männern des Massaivolks hörten, die „Sieh, sieh da hinten, da kommt eine Gruppe Elefanten" sagten, formierten sie sich in enge Verteidigungsgruppen und schnüffelten intensiv mit dem Rüssel in der Luft. Die Reaktionen waren lange nicht so deutlich, wenn sie entsprechende Aufnahmen von Massaifrauen oder -kindern hörten. Die Forscher zeigten auch, dass die Elefanten nur Verteidigungsgruppen formten, wenn sie Männer vom Massaivolk hörten, nicht bei Männern vom Kambavolk. Offenbar haben die Elefanten gelernt, verschiedene Menschenstimmen wiederzuerkennen, und wissen, welche Gefahr diese mit sich bringen können. Die Massai und ihre Weidetiere kommen regelmäßig in Konflikt mit den Elefanten, wenn es um den Zugang zu frischem Wasser und Gras geht. Manchmal führt das dazu, dass die Elefanten Massai zu Tode trampeln oder dass Massaimänner Elefanten zur Abschreckung töten.

Haustiere wären klar im Vorteil, wenn sie wie Elefanten lernen könnten, den Menschen zu verstehen und ihr Verhalten daran anzupassen. Dieser Forschungsbereich ist in den letzten Jahren geradezu explodiert. Verstehen Hunde, Katzen, Pferde, Schweine und Ziegen, *was* wir sagen? Ein japanisches und ein italienisches Forscherteam haben die Fähigkeit der Katze untersucht, uns Menschen zu verstehen. Sie fragten sich, ob Katzen gelernt haben, mehr auf Frauchens und Herrchens Stimme zu hören als auf die Stimmen unbekannter Menschen. Und wenn du schon die Aufmerksamkeit deiner Katze hast, versteht sie auch, *was* du ihr sagen willst?

In der japanischen Studie wurden 20 Katzen Aufnahmen von fünf verschiedenen Menschen vorgespielt, die den Namen der Katze riefen. Zuerst hörte sie, wie drei ihr unbekannte Menschen lockend ihren Namen riefen, danach rief Herrchen oder Frauchen die Katze, und schließlich wieder eine unbekannte Person. Alle sollten den Namen so natürlich wie möglich rufen. Die Forscher erwarteten, dass die Katzen aufmerken würden, wenn die erste Person sie rief, dann aber bei der zweiten und dritten unbekannten Person schnell das Interesse

verlieren würden. Wenn Frauchen oder Herrchen rief, würde die Katze wieder reagieren, indem sie entweder die Stellung ihrer Ohren ändern, den Kopf drehen, die Pupillen weiten, mit dem Schwanz schlagen oder dem Ruf folgen würde. Genau wie von den Forschern vorausgesagt, ermüdete die Katze schnell, wurde aber wieder aufmerksam, wenn Herrchens oder Frauchens Stimme erklang. Entweder veränderte sie die Stellung der Ohren oder drehte den Kopf zur Geräuschquelle, zeigte aber keinen weiteren Unterschied im Verhalten. Offensichtlich erkennen Katzen die Stimme von Frauchen und Herrchen, auch wenn sie selten große Gefühle in dem Ausmaß zeigen, wie Hunde es tun.

Versteht die Katze aber, *was* du ihr sagen willst? Ein italienisches Forscherteam stellte einen interessanten Vergleich an, wie Katzen und Hunde auf eine mögliche Gefahr reagieren, wenn ihre Besitzer in der Nähe sind. Isabella Merola und ihre Kollegen verwendeten exakt denselben Aufbau wie bei einem früheren Versuch mit Hunden. Gemeinsam mit Frauchen oder Herrchen durfte die Katze eine Minute lang ein Zimmer erkunden. Danach stellten die Forscher einen Ventilator an, an dessen Rotorblättern grüne Plastikbänder befestigt waren. Die Reaktionen der Katzen auf diese außergewöhnliche Situation wurden gefilmt und anschließend genauestens analysiert. Die Forscher baten die Katzenbesitzer, sich in drei Teilversuchen jeweils anders zu verhalten. Zuerst sollten sie stillstehen und den Ventilator mit einem neutralen Gesichtsausdruck 25 Sekunden lang anstarren. Dieser Versuch sollte als Referenz für die zwei folgenden dienen. Beim zweiten Teilversuch sollten sie stillstehen und entweder mit einer fröhlichen (halbe Gruppe) oder ängstlichen (halbe Gruppe) Miene 25 Sekunden lang zwischen

Wenn Frauchen mit ängstlicher Stimme sprach, suchte die Katze nach einem Fluchtweg vom Ventilator.

dem Ventilator und der Katze hin und her starren. Zum Schluss sollten die Besitzer entweder zum Ventilator gehen und dabei mit fröhlicher Stimme sprechen oder vom Ventilator fortgehen und mit ängstlicher Stimme sprechen. Auch diesmal sollten sie zwischen Katze und Ventilator hin und her starren. Insgesamt 24 Katzen nahmen an dem Experiment teil, das an der Universität in Mailand durchgeführt wurde.

Beim ersten Versuch sahen 19 der 24 Katzen mindestens einmal zu ihrem Frauchen oder Herrchen, nachdem der Ventilator gestartet worden war, und 13 von 24 Katzen starrten mehrfach zwischen dem Ventilator und Frauchen/Herrchen hin und her. Sie suchten offenbar nach einem Hinweis darauf, wie sie reagieren sollten. Beim zweiten Versuch zeigten die Katzen sehr unterschiedliche Reaktionen. Wenn ihre Besitzer mit ängstlicher Stimme sprachen, sahen die Katzen zwischen dem Ventilator und einem möglichen Fluchtweg hin und her. Die Katzen bewegten sich auch schneller vom Ventilator fort, wenn ihre Besitzer Angst zeigten. Keine solche Reaktion war bei den Katzen sichtbar, wenn ihre Besitzer mit fröhlicher Stimme sprachen. Es ist also eindeutig so, dass die Katzen unsere Gefühle erkennen und ihr Verhalten daran anpassen.

Hunde haben beim gleichen Versuch gegenteilig reagiert, das heißt, sie blieben regloser, wenn ihre Besitzer Angst zeigten. Möglicherweise verlassen sie sich in einem größeren Ausmaß als Katzen darauf, dass Frauchen oder Herrchen die Situation regelt. Das Verhalten der Katzen kann darauf verweisen, dass sie in wildem Zustand allein leben und nicht nur Raubtiere sind, sondern auch selbst Gefahr laufen, die Beute eines größeren Raubtiers zu werden. Es kann für sie also vorteilhaft sein, zu einem frühen Zeitpunkt zu fliehen. Die Katzen folgten ihren Besitzern nicht, wenn sie mit fröhlicher Stimme zum Ventilator gingen. Hunde kopierten hingegen Frauchens oder Herrchens Verhalten. Gingen sie mit fröhlicher Stimme voran, folgte der Hund ihnen schnell.

Mehrere Forschungsergebnisse bekräftigen das Muster, dass Katzen sich nicht voll und ganz auf dich verlassen, obwohl sie dir zuhören. In einer unbekannten und beängstigenden Situation suchen Katzen nicht bei Frauchen oder Herrchen Schutz, wie eine Studie in der Zeitschrift *PLoS ONE* von 2015 konstatiert. Die Forscher Alice Potter und Daniel Mills wiesen nach, dass Katzen weder Anzeichen von Unruhe zeigen, wenn sie von uns getrennt sind, noch übertriebene Freude, wenn wir zurückkehren. Katzen haben anscheinend nicht ein solch gefühlsstarkes Band zu uns Menschen entwickelt wie Hunde.

Trotzdem zeigt dieser Versuch, dass Katzen vielleicht doch nicht so hochmütig und selbstständig sind, wie es manchmal scheint. Sie erkennen die Stimmen von Frauchen und Herrchen wieder und versuchen unsere Gefühle zu deuten, wenn sie vor neuen oder beängstigenden Situationen stehen. Darum ist es gut, wenn wir deutlich mit unseren Katzen kommunizieren. Erkläre der Katze mit fröhlicher Stimme, dass vom Staubsauger keine Gefahr ausgeht, und erzähle den Katzenjungen mit ängstlicher Stimme, was im schlimmsten Fall passieren kann, wenn sie sich zum Schlafen zwischen die Schmutzwäsche in der Waschmaschine legen.

FORSCHER ERKLÄREN: DER HÖRSINN DER KATZE

- Katzen hören bei Blindtests auf Frauchens und Herrchens Stimme.

- Bei angsteinflößenden Situationen lesen die Katzen Frauchens und Herrchens Gefühle, um einen Anhaltspunkt für ihre eigene Reaktion zu finden.

- Katzen verstehen deine Stimmung, wenn du dein Verhalten und deine Stimme daran anpasst. Sprichst du mit einer ängstlichen Stimme, versteckt sich die Katze lieber, bei einer fröhlichen Stimme bleibt sie vielleicht.

- Das Gehör der Katze hat einen sehr viel höheren Frequenzumfang (bis zu 65 000 Hz) als das des Menschen (bis zu 20 000 Hz). Katzen hören daher sehr feine Geräusche von Mäusen und Wühlmäusen, die wir Menschen kaum wahrnehmen.

- Katzen können ihre Ohren unabhängig voneinander bewegen. Das ist eine gute Errungenschaft – so bekommen sie alles mit, was hinter ihrem Rücken geschieht, während ihr Fokus gleichzeitig vorn auf der Beute liegt.

- Wenn du Katzen aus deinem Garten vertreiben willst, kann ein Katzenschreck mit Ultraschall bei manchen Katzen gut funktionieren. Anderen scheint es nichts auszumachen.

Die Laute der Katze

KLEINE KATZENJUNGEN MAUNZEN, um die Aufmerksamkeit ihrer Mutter zu bekommen, wenn sie hungrig oder unruhig sind und Nahrung oder Trost brauchen. Aber wenn die Katzenjungen größer werden, hören sie mit dem Maunzen als Kommunikation mit ihrer Mutter und anderen Katzen auf. Stattdessen verwenden sie eine verfeinerte Sprache aus Duftsignalen, Gesichtsausdrücken, Körpersprache und Berührung. Das Miauen bei erwachsenen zahmen Katzen ist eine Sprache, die fast nur den Menschen vorbehalten ist. Selbst Wildkatzen und verwilderte Katzen maunzen als Junge, hören aber später weitgehend damit auf. Sie haben schließlich kein Frauchen oder Herrchen, das sie beeinflussen müssen. Aber Hand aufs Herz – verstehst du, was deine Katze dir sagen will? Vielleicht geht es aus der Situation hervor, wenn die Katze vor der Tür oder am Fressnapf steht. Aber die Kommunikation ist nicht immer so einfach, was zu einer frustrierten Katze und ebensolchen Frauchen und Herrchen führt.

Stark vereinfacht können die Katzenlaute in drei Gruppen unterteilt werden: Laute, die mit geschlossenem Maul geäußert werden, wie das Schnurren einer zufriedenen Katze, Laute, bei denen das Maul die ganze Zeit offen ist, wie Fauchen oder Spucken bei einer ängstlichen oder bedrohten Katze, und Laute, bei denen das Maul zuerst offen ist und dann nach und nach geschlossen wird, wie bei einer miauenden Katze, die mit Frauchen oder Herrchen zu kommunizieren versucht. In Deutschland schreiben wir diesen Laut als *miau*, in Schweden als *mjau*, in England als *meow* und in Frankreich als *miaou*. Unabhängig von der Sprache wird dieser Laut also als ein Wort geschrieben, das zuerst eine höhere Tonhöhe hat und dann eine tiefere. Aber im Repertoire der Katze

WAS WILL DEINE KATZE DIR SAGEN?

	Miau (bittend)	Mia (kuschle mit mir)	Miaaauuu (ängstlich)	Miaaau (auffordernd)	Miauuuuu (unruhig)
TONHÖHE	Hoch	Hoch	Tief	Steigend	Fallend
WAS BEDEUTET DAS MIAUEN?	Hunger	Kontaktbedarf	Erlebt etwas Beängstigendes	Will nach draußen	Unruhe oder Angst
KÖRPERSPRACHE	Blickt abwechselnd zu Frauchen/Herrchen und dem Fressnapf	Blickt zu Frauchen/Herrchen, trampelt mit den Beinen auf der Stelle	Starrt zum bedrohlichen Gegenstand	Blickt abwechselnd zu Frauchen/Herrchen und zur Tür oder zum Fenster	Geht vor und zurück
AUGEN	Offen	Offen oder halb geschlossen	Weit offen	Offen	Weit offen
OHREN	Aufgestellt	Aufgestellt	Nach hinten gedreht	Aufgestellt	Angelegt, nach hinten gedreht
SCHWANZ	Aufgestellt	Aufgestellt	Unten, schlägt hin und her	Aufgestellt	Unten, schlägt hin und her

sind Tausende von unterschiedlichen Miaus vorhanden, die in Tonhöhe, Länge und Lautstärke variieren.

Das Miauen der Katze faszinierte Nicholas Nicastro derart, dass er seine Doktorarbeit darüber schrieb. In einem seiner Experimente sollten sich 33 Versuchspersonen in New York Aufnahmen von unterschiedlichen Miaus anhören und dann Fragen beantworten wie: „Klingt die Katze wütend oder zufrieden? Will die Katze Futter haben oder nach draußen?" Sie sollten die Aufnahmen den fünf Zusammenhängen zuordnen, die in der Tabelle dargestellt sind. Versuchspersonen, die schon viel Erfahrung mit Katzen gesammelt hatten, verstanden die Katzensprache besser als solche, die nicht so sehr an Katzen gewöhnt waren. Etwa 40 Prozent aller Miaus konnten korrekt gedeutet werden. Aber wenn man bedenkt, dass die Personen die Katzen nicht sehen, sondern nur die Aufnahmen hören konnten, ist das eine recht beeindruckende Leistung. Normalerweise gehen ja die Bedürfnisse der Katze deutlich aus ihrer Körpersprache und anderem Verhalten hervor. Das kontaktsuchende *Mia* und das *Miaaauuu* von einer bedrohten Katze konnten die meisten Versuchspersonen korrekt identifizieren.

Kinder wissen, dass Quengeln sich lohnt, am Schluss gibt Mama oder Papa nach. Wissen Katzen das auch? Wenn das Bedürfnis der Katze nicht beim ersten Mal nach einem einfachen Miau befriedigt wird, lohnt es sich vielleicht, die Botschaft zu wiederholen: Miau – miau – miau – miau (ich will das haben/ machen, und zwar sofort)? In einem weiteren Versuch testete Nicastro dies an 28 neuen Versuchspersonen. Es zeigte sich, dass sie die Botschaft besser verstanden, wenn sie das Miauen mehrfach hörten und nicht nur einmal. Das kann eine einfache Erklärung dafür sein, warum die Katze im Laufe der Evolution in ihrem Umgang mit dem Menschen immer kommunikativer geworden ist.

Eine Gruppe südkoreanischer Wissenschaftler untersuchte die Unterschiede zwischen den Lauten zahmer und verwilderter Katzen. An einem Experiment nahmen 25 verwilderte Katzen, die bei einer Kastrierungsaktion eingefangen worden waren, und 13 zahme Katzen teil. Es handelte sich ausschließlich um Weibchen. Die verwilderten Katzen mussten zunächst eine Woche lang in Quarantäne bleiben, wo man sie täglich fütterte und umsorgte. Danach wurden die Katzen fünf unterschiedlichen Szenarien ausgesetzt: 1.) Sie mussten drei Minuten lang in einem Käfig sitzen, während ihre Besitzer zu ihnen kamen, sich hinknieten und freundlich mit der Katze sprachen. Zu den verwilderten Katzen kam einer der Tierpfleger und sprach freundlich. 2.) Ein bedrohlicher Unbekannter näherte sich mit einem Stock und schien den Käfig anzugreifen. 3.) Eine Puppe, die ein dreijähriges Kind darstellte, wurde an einem Faden zum Käfig gezogen. 4.) Ein unbekannter, angeleinter Hund kam zum Käfig. 5.) Ein unbekanntes, angeleintes Katzenweibchen kam zum Käfig. Kaum eine Katze – ob verwildert oder zahm – fühlte sich bei diesem Versuch wohl. Tatsächlich waren etwa 90 Prozent ihrer Laute ein Knurren oder Fauchen. Interessanterweise miauten die zahmen Katzen doppelt so viel wie die verwilderten Katzen, und sie miauten nur, wenn ein Mensch zum Käfig kam. Das Miauen der zahmen Katzen war außerdem kürzer und höher als das der verwilderten Katzen, deren Miau eher wie das der Afrikanischen Wildkatze klang – der Ahnin der Hauskatze. Die Schlussfolgerung liegt nahe, dass das kurze und hohe Miau der zahmen Katze eine Anpassung ist, um besser mit dem Menschen zu kommunizieren.

Früher glaubte man, nur bestimmte Katzenarten könnten schnurren. Forscher teilten die Familie der Katzenartigen in zwei Gruppen ein: kleinere Katzenarten, die schnurren, aber nicht brüllen können, und größere Katzenarten, die brüllen, aber nicht schnurren können. So einfach ist es jedoch nicht: Mehrere große Katzenartige wie der Schneeleopard, Puma und Gepard können schnurren, aber nicht brüllen. Heute glauben Forscher, dass die meisten Katzenartigen schnurren können. Voraussetzung dafür ist, dass die Muskeln im Kehlkopf und Zwerchfell zusammenarbeiten, sodass die Katze beim Ein- und Ausatmen schnurren kann.

Hauskatzen schnurren beispielsweise, wenn du sie streichelst oder die Mutter ihre Jungen säugt. Aber eine schnurrende Katze ist nicht immer glücklich und zufrieden. Auch ein Tier, das akuten Stress erlebt oder verletzt worden ist, kann schnurren. Forscher meinen, dass die niederfrequenten Vibrationen bei einer schnurrenden Katze auch zur schnelleren Wundheilung beitragen können. Teils dienen die Vibrationen als Massage für schmerzende Muskeln, teils können sie die Knochendichte erhöhen und den Heilungsprozess bei Knochenbrüchen beschleunigen. Mittlerweile werden niederfrequente Vibrationen zur vorbeugenden Behandlung bei Astronauten und Senioren eingesetzt, also bei Menschen, die sich aus unterschiedlichen Gründen weniger bewegen. Und vielleicht schnurrt die still sitzende Katze auch, um ihren Körper fit zu halten?

Karen McComb und ihre Kollegen zeigten vor Kurzem, dass Katzen situationsabhängig unterschiedlich schnurren. Hungrige Katzen schnurren sowohl lauter als auch höher. Die Frequenz liegt auf der gleichen Höhe wie der Schrei eines hungrigen Babys. Die Katze hat also anscheinend gelernt, sowohl durch Miauen als auch durch Schnurren zu kommunizieren, damit Herrchen und Frauchen schnell auf ihre Bedürfnisse reagieren können.

FORSCHER ERKLÄREN: DIE LAUTE DER KATZE

- Erwachsene Katzen miauen vor allem, wenn sie uns Menschen etwas zu sagen versuchen.

- Die Botschaft des Miauens ist im Zusammenhang mit der Körpersprache der Katze leichter zu verstehen.

- Menschen mit Katzenerfahrung haben gelernt, die Botschaft nur durch das Miauen zu verstehen.

- Eine Katze, die in jungem Alter sozialisiert wurde, kommuniziert mehr durch Miauen als durch Fauchen und Knurren.

- Deine Katze wiederholt ihr Miauen immer wieder, wenn du beim ersten Mal nicht reagierst. Wir verstehen ihre Botschaft dann besser.

- Falls deine Katze übertrieben viel miaut, hat sie vielleicht gelernt, dass Quengeln sich lohnt. Um ihr das abzugewöhnen, kannst du versuchen, die Katze nur dann zu füttern, wenn sie nicht auffordernd miaut. Du solltest ihr viel Aufmerksamkeit schenken, wenn sie leise ist, und weniger, wenn sie miaut.

Der Geruchssinn der Katze

DEINE KATZE HÄLT INNE, während sie einen Busch passiert, neigt den Kopf zu einem tief hängenden Ast, schnuppert intensiv, hebt den Kopf, öffnet den Mund und starrt wie in Trance vor sich hin. Dies nennt man Flehmen. Die Katze „erschmeckt" den Geruch eines unbekannten Artgenossen mithilfe ihrer Nase und oft sogar der Zunge. Duftsignale werden mithilfe des Jacobson-Organs analysiert, einer zentimeterlangen Röhre im oberen Teil der Mundhöhle. Die Röhre ist bis obenhin voller Riechzellen und hat zwei Öffnungen: eine im Mund, direkt hinter den oberen Schneidezähnen, und eine in der Nase. Mit diesem Organ liest die Katze die Neuigkeiten in ihrem Heimbereich. Wer ist in der Nacht vorbeigekommen, und wie ging es ihm oder ihr? Katzen können auch flehmen, wenn sie auf andere interessante Düfte stoßen, die sie genauer analysieren müssen, aber meistens ist das Flehmen mit Urinmarkierungen verbunden.

Der dänische Mediziner Ludwig Levin Jacobson war der Erste, der dieses Geruchs- und Geschmacksorgan wissenschaftlich beschrieb. Anfang des 19. Jahrhunderts entdeckte er es bei Schlangen. Aber erst später verstanden die Forscher, welche Funktion es hat. Wie die Katze erschmeckt die Schlange die Umgebung mit der Zunge und leitet die Signale zur Analyse an das Jacobson-Organ weiter. Uns Menschen fehlt dieses Organ. Unsere Duftwelt ist ohnehin sehr viel begrenzter als die der Katze, in der Duftsignale und Pheromone eine große Rolle spielen.

Wenn die Katze mit offenem Mund und tranceartigem Blick flehmt, „erschmeckt" sie einen interessanten Duft mithilfe des Jacobson-Organs (rot).

Nicht nur Urin, auch Katzenkot verrät anderen Katzen, mit wem sie es zu tun haben. Zu dem Ergebnis kam vor Kurzem ein japanisches Forscherteam. Miyabi Nakabayashi und Kollegen führten ein Experiment mit fünf verschiedenen Katzengruppen durch. Alle Katzen bekamen vor und während des Experiments genau das gleiche Futter. Die Forscher sammelten den Katzenkot ein, und dann wurden jeder Katze drei Teller mit Kot präsentiert: einer mit ihrem eigenen Kot, Kot einer Katze derselben Gruppe und schließlich Kot einer unbekannten Katze. Mit jeder Katze wurde das Experiment dreimal mit neuem Kot durchgeführt, wobei die Ordnung der Teller nach dem Zufallsprinzip verändert wurde. Es gab einen deutlichen Unterschied, wie lange die Katze an den Tellern roch. Der Kot der unbekannten Katze erregte das meiste Interesse. Dagegen schnüffelte die Katze ebenso kurz an ihrem eigenen Kot wie an dem einer ihr bekannten Katze. Das Experiment zeigte auch, dass die Katze sich an den Kot unbekannter Katzen gewöhnen. Am dritten Tag war die Neugier auf den Kot einer fremden Katze keineswegs mehr so groß.

Dieses Experiment kann erklären, warum die Katze ihren Kot manchmal offen sichtbar am Rand ihres Heimbereichs hinterlässt. Damit sendet sie ein Signal an andere Katzen: Hier wohne ich, komm nicht hierher! Besonders in der Paarungszeit können die Markierungen helfen, gefährliche Konfrontationen mit unbekannten Katzen zu vermeiden. Näher an ihrem Zuhause bedeckt die Katze hingegen ihren Kot immer sorgsam. Hier muss sie weniger Signale an andere Katzen senden, und gleichzeitig will sie aus hygienischen Gründen vermeiden, dass der Kot offen daliegt, da das Risiko einer Infektionsübertragung auf ihre Beute besteht.

Interessanterweise nehmen auch die Beutetiere der Katze deren Duftsignale wahr. Experimente haben gezeigt, dass Ratten verschiedene Katzenindividuen unterscheiden können, indem sie an ihrem Halsband riechen. Ratten, die zunächst wachsam sind und sich vor dem Duft eines Katzenhalsbands verstecken, gewöhnen sich schnell daran und sind dann weniger wachsam. Wird den Ratten das Halsband einer neuen Katze gezeigt, sind sie sofort wieder auf der Hut. Die Fähigkeit, verschiedene Katzenindividuen wiederzuerkennen, ohne ihnen tatsächlich begegnet zu sein, führt zu einem längeren Rattenleben. Die Ratte kann die Gefahr einschätzen, die von einer ihr bekannten Katze ausgeht, aber sie weiß nichts über das Jagdgeschick einer ihr unbekannten Katze.

Urin und Kot einer Katze enthalten Pheromone, die von Drüsen in der Schleimhaut der Urinorgane und von der Darmschleimhaut abgesondert werden. Aber Duftsignale werden auch von anderen pheromonproduzierenden Organen abgegeben, die sich im Gesicht, an den Pfoten, ums Gesäuge, um die Geschlechtsteile und an der Analöffnung befinden. Du kannst einen Einblick in die wunderbare Duftwelt deiner Katze bekommen, wenn du ihr Verhalten beobachtest. Streicht die Katze ihre Wange vom Kinn bis zum Ohr an deinem Schienbein entlang, verbreitet sie ihr Gesichtspheromon, damit du genauso gut riechst wie sie selbst. Du bist Teil des Rudels. Die Katze kann ihre Wange auch an einem Türpfosten, einem Computerbildschirm oder Ähnlichem reiben, um sich im Zimmer zu orientieren und sich sicher zu fühlen. Auf die gleiche Weise werden

Pheromone von Drüsen zwischen den Ballen abgegeben, wenn die Katze kratzt. Sie dienen auch zur Markierung des Heimbereichs, in dem die Katze sich wohlfühlt. Wenn deine Katzen einige Stunden voneinander getrennt waren, kann man manchmal beobachten, wie sie sich gegenseitig am Hintern riechen. Ein wichtiger Teil der Kommunikation bei der Katze sind die Pheromone, die von den Analdrüsen beidseitig der Analöffnung abgesondert werden. Eine Katze, die dir mit erhobenem Schwanz den Hintern zeigt, um dir eine Geruchsprobe anzubieten, ist eine freundliche Katze, die dich begrüßt!

FORSCHER ERKLÄREN:
DER GERUCHSSINN DER KATZE

- Katzen kommunizieren wortlos über Duftsignale und Pheromone miteinander. Diese Botschaften bleiben noch lange bestehen, nachdem der Absender bereits fort ist.

- Pheromone in Urin und Kot reichen aus, damit eine Katze erkennen kann, wer gepinkelt oder gekotet hat. Urin kann das Signal aussenden, dass ein Weibchen paarungsbereit ist.

- Manchmal vergraben Katzen ihren Kot nicht. Das ist ein deutliches Signal an andere Katzen außerhalb ihres Heimbereichs: Komm nicht hierher!

- Am Körper der Katze gibt es fünf Bereiche, die Pheromone absondern: das Gesicht, die Pfoten, das Gesäuge, die Analöffnung und die Geschlechtsteile.

- Wenn die Katze ihre Wange an deinem Schienbein reibt, markiert sie, dass du ein Teil ihres Rudels bist.

- In der Apotheke kann man synthetisch hergestellte Pheromone kaufen, die dazu dienen, gestresste Katzen zu beruhigen – beispielsweise wenn eine neue Katze ins Haus kommt oder bei einer längeren Autofahrt.

Catwalk

DAS INTERNET IST VOLLER Videoclips mit Katzen, die sich ungeschickt anstellen. Sie schätzen die Entfernung falsch ein, wenn sie auf den Küchentresen springen wollen, und fallen auf den Boden, sie werden von plötzlichen Geräuschen überrascht und stürzen kopfüber vom Stuhl. Die Clips sind oft lustig und gleichzeitig sehr ungerecht. Wenige Tiere haben einen so eleganten Gang wie die Katze. Denk nur an das Wort „Catwalk". Alle wissen, dass Models über den Catwalk spazieren. Aber auch Bauarbeiter balancieren auf einem Laufsteg, wenn sie auf den Gerüstbrettern hoch oben über dem Boden eine weitere Etage auf das Hochhaus setzen. Katzen haben keinerlei Höhenangst und bewegen sich elegant über die oberste Regalreihe oder die kleinen Ästen im Baum.

Wenn wir Menschen leise gehen, bewegen wir uns „auf Zehenspitzen". Normalerweise rollen wir über die Fußsohle ab, und die Zehen berühren am Ende von jedem Schritt nur kurz den Boden. Katzen sind ständige Zehengänger, nur ihre Zehenballen und der große Pfotenballen in der Mitte haben Kontakt mit dem Boden. Und da sie zusätzlich die Krallen einziehen, können sie wirklich durchs Gelände schleichen. Auch das spiegelt sich in der Sprache wider: Jemand „schleicht wie eine Katze" und „geht auf Samtpfoten". Zehengänger wie Hunde oder Katzen können auch sehr schnell rennen. Aber wie wir alle wissen, gibt es große Unterschiede zwischen dem Gang von Katzen und Hunden. Wenige Katzen sind zu langen Spaziergängen mit Frauchen oder Herrchen bereit, und kaum ein Hund klettert zum Spaß auf Bäume. Zwei unterschiedliche Forscherteams haben mithilfe von Videoaufnahmen untersucht, wie erfolgreich Katzen und Hunde sich auf ebenem Untergrund beziehungsweise auf einem schmalen Brett fortbewegen.

Es ist wohl kaum überraschend, dass Hunde, die gern lange Spaziergänge machen, Bewegungsenergie effizienter nutzen als Katzen. Das zeigte eine Gruppe amerikanischer Forscher unter Leitung von Kristin Bishop. Hunde konnten mit etwa 70 Prozent ungefähr doppelt so viel Bewegungsenergie zurückgewinnen wie Katzen. Sie erreichen das durch einen steifbeinigen Gang, der zu einer effizienten, pendelartigen Körperbewegung führt. Katzen mussten sich im Laufe der Evolution nicht daran anpassen, längere Strecken zu rennen, sondern verlassen sich mehr auf explosionsartig entfaltete Energie in Form von kürzeren Sprints beim Angriff auf die Beute. Keine der Gangtechniken der Katze ist besonders energiesparend. Daher versuchen sie der Beute so nah wie möglich zu kommen, indem sie sich Pfote für Pfote heranschleichen.

In einer französisch-spanischen Studie verglichen Eloy Gálvez-López und Kollegen, wie Katzen und Hunde über kleine Ästen balancieren. Die Forscher fragten sich, wie ein Spezialist (Katze) und ein Nicht-Spezialist (Hund) diese Herausforderung meistern würden. Die Tierwelt hat diverse Lösungen gefunden, um das Herunterfallen zu vermeiden. Einige Tierarten halten den Körperschwerpunkt in der Nähe des Untergrunds, wie der im Baum lebende Marder mit seinen relativ kurzen Beinen. Affen und Beutelratten können mit Händen und Füßen den ganzen Ast umgreifen. Das Faultier hat eine idiotensichere Lösung: Es hängt sich einfach von unten an den Ast! Katzen und Hunde sind zwar Vierbeiner, aber die Balance auf dem Ast leidet, weil die Pfoten hintereinander gesetzt werden müssen.

Diese Studie einer fallenden
Katze zeigt, wie sie erfolgreich auf allen Vieren landet.

Zu allem Übel schwankt der Ast oft auch noch, was das Ganze umso abenteuerlicher macht.

Insgesamt sieben Katzen und fünf Belgische Schäferhunde nahmen an der Studie teil. Um es den Hunden etwas einfacher zu machen, war ihr Versuchszweig breiter (15 cm) als der für die Katzen (3 cm). Die Hunde hatten außerdem eine stabile Plattform am Anfang und Ende des Astes. Die Katzen und Hunde zeigten vollkommen unterschiedliche Strategien, um die Balance zu halten. Die Katzen bewegten sich auf dem Ast nicht anders als auf dem Boden. Sie gingen lediglich etwas langsamer und gebeugter, wohl um zu vermeiden, dass sich der Ast insgesamt zu sehr bewegte. Die Hunde machten das Gegenteil und *erhöhten* ihre Geschwindigkeit auf dem Ast. Sie änderten ständig ihre Pfotenstellung, um das Gleichgewicht halten zu können. Diese etwas panikartige Strategie lohnte sich auf lange Sicht nicht – früher oder später fielen die Hunde herunter.

Aber wie kommt es, dass Katzen immer auf den Füßen landen, wenn sie in seltenen Fällen doch einmal das Gleichgewicht verlieren? Die Frage ist einfach, die Antwort etwas komplizierter. Kurz gesagt hat es mit einem Reflex zu tun, der dazu führt, dass die Katze ohne nachzudenken erkennen kann, wo oben und unten ist. Das geschieht wahrscheinlich über den Sehsinn oder die Verwendung des Gleichgewichtorgans im Innenohr. Mit ihrer extrem biegsamen Wirbelsäule kann die Katze dann leicht in der Luft rotieren, sodass der vordere Körperteil nach unten zeigt. Neugeborene Katzen haben diesen Reflex noch nicht, doch nach drei oder vier Wochen ist er bereits vorhanden. Der Schwanz der Katze hat beim Fallen keine Funktion. Das Überrotieren vermeidet sie, indem sie die Vorderpfoten anzieht und die Hinterbeine ausstreckt. Fällt sie aus großer Höhe, spreizt sie die Beine zur Seite ab, um wie ein Flughörnchen die Fallgeschwindigkeit zu verringern. Kurz bevor sie den Boden erreicht, streckt sie die Vorderbeine aus, und das einzigartige Skelett der Katze funktioniert wie ein Stoßdämpfer: Die „Schultern" sind extrem beweglich, da sie nicht mit der Wirbelsäule oder dem Brustkorb verbunden sind. Auch wenn die Katze keine neun Leben hat, hat sie doch ein paar richtig schlaue Features, um den Fall aus großer Höhe zu überleben.

FORSCHER ERKLÄREN: DER GANG DER KATZE

- Katzen sind Zehengänger, nur ihre Ballen berühren beim Gehen den Boden.

- Da sie die Krallen beim Gehen einziehen, können sie sich fast lautlos durchs Gelände bewegen („schleichen wie eine Katze").

- Katzen legen keine langen Strecken am Stück zurück und haben eine recht energieraubende Gangtechnik. Hunde haben eine halb so hohe Bewegungsenergie wie Katzen, wenn sie auf lange Spaziergänge gehen.

- Wenn Katzen auf Ästen balancieren, ändern sie ihre Gangart im Vergleich zum Gehen auf dem Boden nicht. Sie bewegen sich bloß etwas langsamer und gebückter.

- Hunde verfolgen eine ganz andere Strategie: Sie werden auf dem Ast schneller und setzen die Füße nach Belieben. Früher oder später fallen sie herunter.

- Katzen haben eine einzigartige Skelettstruktur und angeborene Reflexe, die dafür sorgen, dass sie beim Fallen immer auf den Füßen landen.

DAS VERHALTEN DER KATZE

Katzen kratzen, sie pinkeln woandershin als ins Katzen-klo, spucken Haarballen aus und geraten aneinander. Das Leben mit einer Katze kann manchmal ganz schön fordernd sein. Mit vielen Problemen kann man jedoch gut zurechtkommen. Aber zuerst musst du verstehen, warum deine Katze tut, was sie tut. Die folgenden sechs Kapitel geben dir handfeste Tipps, damit du die Ruhe zu Hause wiederherstellen kannst.

Urinmarkierungen

FINDEST DU ES SCHWIERIG, den Geruch von Katzenpisse loszuwerden? Das soll so sein! Im Urin der Hauskatze finden sich große Mengen des Pheromons Felinin, das aus mehreren schwefelhaltigen Verbindungen besteht. Sie verursachen den typischen, strengen Geruch. In der Katzenwelt funktionieren Urinmarkierungen etwa so wie Status-Updates bei Facebook: Ich habe mich eingeloggt und so geht es mir heute. Die Markierungen sollen so lange wie möglich bestehen bleiben. Daher gibt es im Katzenurin verschiedene Fette (Lipide), die verhindern, dass die ansonsten flüchtigen organischen Verbindungen sich allzu schnell auflösen.

Viele Forscher wollten herausfinden, welche Strategien die verschiedenen Katzenartigen verfolgen, um die Lebensdauer ihrer Status-Updates zu verlängern. Es hängt nicht nur von der chemischen Zusammensetzung des Urins ab, wie lange die Botschaft bleibt, sondern auch davon, wohin die Katze pinkelt. Vor einigen Jahren besuchte ich den Forscher Örjan Johansson, der die Lebenswelt des Schneeleoparden in einem isolierten Bergmassiv der Wüste Gobi in der Mongolei untersucht. Der Sommer ist dort unerträglich heiß, der Winter schweinekalt, und es windet ständig. Eine Urinmarkierung kann da wohl kaum lange überdauern? Die Strategie des Schneeleoparden besteht darin, kleine, ausgetrocknete Flusstäler aufzusuchen, die sich zwischen den hohen Bergen entlangschlängeln. Dort pinkelt er am liebsten auf Steine, die durch große Überhänge geschützt sind, sodass der Urin weder vom Wind noch von der Sonne allzu schnell ausgetrocknet werden kann. Damit keinem Abenteu-

Die Katze wählt den Platz für ihre Urinmarkierung sorgfältig aus. Wacholder enthält Antioxidantien, die verhindern, dass der Urin schnell abgebaut wird.

rer sein Status-Update entgeht, baut der Schneeleopard dann noch mitten im Flussbett Hügel aus Kies und kleinen Steinen. Dieses visuelle Signal wird mit einer Urindusche verziert.

Wir wissen weniger über das Wann, Wo und Wie der Urinmarkierungen von kleineren Katzenartigen als über das der großen Katzen wie Schneeleopard, Löwe und Gepard. Kleinere Katzenartige lassen sich oft schwieriger beobachten, da die meisten nachtaktiv und scheu sind. Untersuchungen von Urinmarkierungen bei Wildkatzen und Hauskatzen orientieren sich daher oft an den Ergebnissen von Studien mit Großkatzen. Eine spanische Forschergruppe unter der Leitung von Jordi Ruiz-

Olmo untersuchte die Urinmarkierungen der Europäischen Wildkatze. Die Forscher wollten mehr über die Pflanzen herausfinden, welche die Wildkatzen markierten. Die Wildkatzen hatten Zugang zu einer großen Anzahl verschiedener Büsche, aber es zeigte sich, dass sie fast ausschließlich an Wacholderbüsche pinkelten. Den Forscher zufolge gibt es für deren Beliebtheit zwei Erklärungen: Erstens sind Wacholderbüsche optisch sichtbarer, da sie oft als Solitär wachsen, zweitens enthalten sie große Mengen an Antioxidantien, die dafür sorgen, dass die Urinmarkierungen nicht so schnell abgebaut werden. In einer weiteren Studie folgte Hilary Feldman 20 Katzen in einem geschützten Bereich im englischen Cambridge. Sie fand heraus, dass die Männchen ihre Wege und die Grenzen ihrer jeweiligen Heimbereiche markierten. Vor allem hinterließen sie Markierungen an auffälligen Elementen wie Baumstümpfen, herausragenden Ästen und großen Grasbüscheln. Die Männchen wurden besonders vom Urin rolliger Weibchen angezogen, und die neuesten Markierungen zogen die größte Aufmerksamkeit auf sich.

Durch die Analyse der Übereinstimmungen und Abweichungen im Verhalten von 20 unterschiedlichen Arten kleinerer Katzenartiger, darunter Hauskatzen, konnten Forscher Schlüsse über die Funktion der Urinmarkierungen ziehen. Es zeigte sich, dass Markierungen von Männchen in der Paarungszeit bei den meisten Arten deutlich zunahmen. Mit anderen Worten fungieren die Markierungen der Männchen eher als Kontaktanzeige und weniger als Revierhinweis. Weibchen markieren im Allgemeinen weniger als Männchen, werden während der Paarungszeit jedoch sehr aktiv.

Nicht nur Hauskatzen halten den Schwanz hoch erhoben, wenn sie mit Urin markieren. Die meisten kleineren Katzenartigen tun das. Die Wissenschaftler glauben, dass dies ein visuelles Signal für andere Katzen sein kann. Eventuell passiert es aber auch einfach automatisch. Ab und zu zittern die meisten

Katzenartigen mit dem Schwanz, wenn sie markieren. Vielleicht, um die Markierung zu streuen, sodass der Urin eine größere Fläche bedeckt und die Botschaft besser ankommt?

FORSCHER ERKLÄREN: URINMARKIERUNGEN

- Der Urin der Katze beinhaltet Fette, die den Geruch haltbarer machen.

- Katzen markieren gern auffällige Objekte wie Baumstümpfe, herausragende Zweige, Pfähle, einzeln stehende Büsche. Außerdem hinterlassen sie Markierungen oft am Wegesrand, damit ihre Botschaft möglichst viele Artgenossen erreicht.

- Eine Katze markiert oft immer wieder dasselbe Objekt.

- Vor allem Männchen markieren mit Urin, in der Paarungszeit aber auch Weibchen. Der Urin gibt Auskunft darüber, wie es der Katze geht oder ob sie paarungsbereit ist.

- In gewissem Maße markiert das Männchen auch die Grenzen seines Heimbereichs mit Urin. Wahrscheinlich werden dafür aber eher permanente Markierungen wie Krallenmarken im Baum oder Kot verwendet.

- Wenn Katzen beim Urinieren mit dem hochstehenden Schwanz zittern, versuchen sie wahrscheinlich, den Urin über eine möglichst große Fläche zu verteilen.

Die Katze kratzt

ALLE KATZEN KRATZEN, aber unterschiedlich viel und aus unterschiedlichen Gründen. Es liegt auf der Hand, dass sie damit ihre Krallen schärfen und gleichzeitig die Pfotenmuskeln trainieren. Die Krallen in Form zu halten, ist entscheidend für die Jagd oder um sich gegen Feinde zu verteidigen. Das Kratzen kann auch eine Möglichkeit sein, die Krallenhülsen loszuwerden, die die neu wachsenden Krallen umschließen. Meistens kaut die Katze sie jedoch mit den Zähnen ab oder verliert sie von allein. Eine weitere Ursache kann sein, dass die Katze ihren Heimbereich markieren will. Die Krallenmarkierungen senden deutliche Signale, nicht nur visuell, sondern auch durch Duftspuren. Die Drüsen zwischen den Ballen sondern Düfte ab, die anderen Katzen verraten, dass dieser Bereich besetzt ist. Dank ihres sensiblen Geruchssinns verstehen Katzen im Gegensatz zu uns diese Mitteilung.

Katzen, die an Möbeln oder Teppichen kratzen, obwohl es einen Kratzbaum gibt, stellen ein großes Problem für viele Frauchen und Herrchen dar. Das Kratzen kann leicht außer Kontrolle geraten, wenn zum Beispiel eine jüngere Katze eine ältere im Haushalt herausfordern will, um in der Hierarchie aufzusteigen. Eventuell ist die Katze auch gelangweilt und hat gelernt, dass sie so Aufmerksamkeit von Frauchen und Herrchen bekommen kann, die sofort reagieren, wenn ihre guten Möbel angegriffen werden. Immer mehr Tierärzte werden daher gefragt, wie man als Katzenbesitzer dieses unerwünschte Benehmen einschränken kann. Aber lange Zeit gab es zu diesem Phänomen nur anekdotische Beobachtungen und keine systematische Untersuchung. Niemand wusste, was ein normales und was ein unnormales Kratzverhalten ist. Durch die Befragung einer großen Anzahl Katzenbesitzer fanden sieben italienische Tierärzte schließlich mehr über das Wann, Wo und Wie des Kratzens heraus, um Frauchen und Herrchen besser beraten zu können.

Sie führten persönliche Interviews mit 128 Katzenbesitzern durch, die im Rahmen eines Klinikbesuchs stattfanden. Um eine möglichst repräsentative Auswahl zu erhalten, wurden alle Haushalte mit einbezogen, unabhängig vom Geschlecht und Alter der Katzen, ob sie Wohnungskatzen oder Freigänger waren und ob sie allein oder in der Gruppe lebten. Die Forscher fragten danach, ob es im Zuhause Kratzvorrichtungen gab und in welchem Ausmaß sie je nach Katze genutzt wurden.

Offenbar sind Kratzbretter oder -bäume eine gute Investition für Frauchen oder Herrchen. Diese Vorrichtungen werden häufig, aber längst nicht immer genutzt. Unkastrierte Männchen, insbesondere Wohnungskater, interessieren sich am wenigsten dafür. Sie markieren mit Kratzspuren die Grenzen ihres Heimbereichs, um so potenzielle Konflikte mit anderen Männchen zu vermeiden. Sowohl Kratzmarkierungen als auch Duftsignale schrecken meistens andere Männchen davon ab, in einen fremden Heimbereich einzudringen. Unkastrierte Weibchen und kastrierte Männchen und Weibchen hingegen zerkratzen selten Möbel oder Teppiche.

Das Kratzen beginnt im Alter von etwa fünf Wochen, wenn die Jungen spielen und ihr Zuhause erkunden. Wenn das Junge von seiner Mutter getrennt wird, spielt das Kratzen eine wichtige Rolle in der neuen Umgebung. Es ist für das Junge eine Möglichkeit herauszufinden, in welchem Bereich es sicher ist und wo es auf der Hut sein muss. Keine Katze verwendet jedoch eine Kratzvorrichtung, die schlecht platziert ist und aus dem falschen Material besteht. Und es kann sehr schwierig sein, eine Katze von ihrem Verhalten abzubringen, wenn sie sich das Kratzen an einem bestimmten Möbelstück oder Teppich angewöhnt hat. Sie möchte gerne an ihren „Tatort" zurückkehren, um die Duftspur zu verstärken.

Tierärzte der Cornell University in New York haben einige Methoden zusammengestellt, um mit unerwünschtem Kratzen an Möbeln oder Teppichen trotz Kratzbrettern umzugehen. Kratzt deine Katze am liebsten an vertikalen Oberflächen wie Gardinen oder Möbelrücken oder an horizontalen Oberflächen wie Teppichen auf dem Boden? Kratzt sie an festem oder weichem Material? Die Vorlieben unterscheiden sich von Tier zu Tier und können ein Hinweis darauf sein, wie das Kratzbrett für deine Katze aussehen und wo es sich befinden sollte. Entferne für eine Weile das betreffende Möbelstück oder den Teppich und bring das Kratzbrett dort an. Nach und nach kannst du es dann zu einem günstigeren Ort bewegen und schließlich Möbel oder Teppich zurückholen. Wenn die Katze trotzdem weiterhin an einer unerwünschten Stelle kratzt, kannst du dort ein starkes Parfüm versprühen oder einen Turm aus Plastikbechern aufstellen, der die Katze erschreckt, wenn sie ihn umstößt. Vergiss nicht, dass Bestrafungen wie Schimpfen oder das Spritzen aus einer Wasserflasche nicht funktionieren. Damit bringst du der Katze nur bei, zu kratzen, wenn du nicht in der Nähe bist. Hingegen funktioniert Lob sehr gut, wenn die Katze etwas richtig macht. Zu guter Letzt kannst du den Kratzschaden begrenzen, wenn du die Krallen mithilfe einer Krallenschere kurz hältst.

FORSCHER ERKLÄREN: DAS KRATZEN DER KATZE

🐾 Katzen kratzen, um die Krallen zu schärfen, die Pfotenmuskeln fit zu halten und um ihren Heimbereich durch visuelle Signale (Kratzspuren) und Duftsignale zu markieren.

🐾 Am seltensten werden Kratzbäume von unkastrierten Männchen verwendet, die keinen Freigang haben.

🐾 Einen Hinweis auf die ideale Beschaffenheit vom Kratzbrett bekommst du, indem du das Kratzen deiner Katze beobachtest.

Schwänzchen in die Höh'

DIE WILDKATZE IST EIN EINSAMER JÄGER; erwachsene Wildkatzen bilden keine sozialen Gruppen. Hauskatzen mussten sich auf verschiedene Weise an das Leben in der Gruppe anpassen. Jeden Tag treffen sie Artgenossen, und um allzu große Konfrontationen zu vermeiden, haben sie eine Körpersprache entwickelt, mit der sie beispielsweise ihren Rang in der Gruppe oder ihre Laune signalisieren können.

Eins dieser sozialen Signale zwischen Katzen ist das Schwänzchen-in-die-Höh'. Ihr habt das zu Hause sicher bereits beobachtet, falls ihr mehrere Katzen habt. Zwei erwachsene Katzen waren eine Weile voneinander getrennt. Vielleicht war die eine draußen, während die andere drinnen geblieben ist. Wenn sie sich wiedertreffen, begrüßen sie sich, indem die eine Katze den Schwanz hebt und ihn mehr oder weniger senkrecht hält, mit der Spitze zur anderen Katze. Dann folgt vielleicht, dass sie Nase an Nase aneinander riechen, wobei die begrüßende Katze ihren Kopf tiefer und die Ohren nach hinten gerichtet hält. Dieses Verhalten, seine Bedeutung und Entstehung interessiert Ethologen (Verhaltensforscher) schon seit Langem.

Die zwei italienischen Ethologinnen Simona Cafozzo und Eugenia Natoli beobachteten eine Gruppe von Katzen, die frei in einem Hinterhof von Rom lebten. Der Hinterhof war teilweise zugewachsen und von hohen Mauern umgeben. Es gab vier Männchen und fünf Weibchen, die bis auf einen jungen Kater alle kastriert waren. Einige der Katzen waren so zahm, dass sie sich streicheln ließen. Die Forscherinnen beobachteten über einen Zeitraum von neun Monaten hinweg gut 400 Stunden lang das Verhalten der Tiere. Um die Rangordnung innerhalb der Gruppe zu untersuchen, achteten sie besonders auf Interaktionen, die auf Aggressivität oder Unterwerfung hindeuteten. Danach verglichen die Forscherinnen die Rangordnung innerhalb der Gruppe mit der Art der Begrüßung.

Die Ranghöchsten der Gruppe waren zwei erwachsene Männchen, während der junge Kater das rangniedrigste Mitglied war. Katzenindividuen mit höherem Rang zeigten seltener das Schwänzchen-in-die-Höh'-Signal, wenn sie auf Rangniedrigere trafen. Rangniedrige hingegen zeigten das Signal beim Treffen mit Individuen höheren Ranges oft oder immer. Die Ethologinnen konnten bei der Art der Begrüßung einen interessanten Geschlechtszusammenhang feststellen. Männchen begrüßten sich öfter Nase an Nase, während Weibchen lieber grüßten, indem sie den Schwanz hoben oder die Körper aneinander entlangstrichen. Diese und mehrere andere Studien zeigen, dass der Absender, der das Schwänzchen-in-die-Höh' zeigt, dem Empfänger ein deutliches Signal sendet: Ich bin freundlich gesinnt und weiß, dass du einen höheren Rang in der Gruppe hast. Wenn der Empfänger ebenfalls den Schwanz hebt, ist die Chance groß, dass sie das Ritual mit Nase an Nase und dem Aneinanderstreichen der Körper fortführen. Meistens hört die Begrüßung jedoch nach dem Heben des Schwanzes auf.

Schwänzchen-in-die-Höh' als Begrüßung ist nur bei einem anderen katzenartigen Tier beobachtet worden: dem Löwen. Löwen und Hauskatzen sie die einzigen Katzen, die in sozialen Gruppen leben. Löwengruppen bestehen aus mehreren nahe verwandten Löwinnen und ihren Jungen sowie einigen

Schwänzchen-in-die-Höh' ist ein deutliches Signal: Die rechte Katze ist rangniedriger und zeigt das, indem sie den Schwanz nach oben, den Kopf niedriger und die Ohren nach hinten gerichtet hält.

nicht verwandten Männchen. Hofkatzen, die auf dem Land leben, haben eine soziale Struktur, die der des Löwen in der Savanne nicht unähnlich ist. Nahe verwandte Weibchen und ihre Nachkommen bilden lose Gruppen um die Futterquelle des Menschen.

Offenbar hat sich das Signal Schwänzchen-in-die-Höh' beim Löwen und der Hauskatze unabhängig voneinander entwickelt, und wir können nur über seinen Ursprung spekulieren. Cafozzo und Natolie haben drei Hypothesen.

Die erste lautet, dass Katzen pinkeln, nachdem sie den Schwanz gehoben haben, aber da dieses Verhalten nicht als Signal an den Empfänger vorgesehen ist, brechen sie es sofort ab. Die zwei anderen Hypothesen erscheinen logischer, da sie auf Signalen beruhen, die bereits aus anderen Zusammenhängen bekannt sind. Das ritualisierte Sexualverhalten des Weibchens vor der Paarung beinhaltet das Streichen am Körper und den erhobenen Schwanz (was in dem Klassiker „The Serengeti Lion" von George B. Schaller beschrieben wird). Zum Schluss die wahrscheinlichste Erklärung: Wenn ein Katzenjunges bei seiner Mutter trinken will, nähert es sich ihr mit erhobenem Schwanz und knufft erst mit seiner Stirn und dann mit seinem Schädel an das Kinn seiner Mutter. Katzenjunge können dieses Verhalten auch gegenüber anderen erwachsenen Katzen zeigen, und es liegt nahe, dass dieses „kindliche" Verhalten sich bei der Hauskatze als eine Art unterdrücktes aggressives Verhalten gegenüber anderen erhalten hat und es auch dazu dient, einen niedrigeren Rang zu zeigen. Fakt ist, dass bestimmte Hauskatzen sowohl das Knuffen mit der Stirn als auch den erhobenen Schwanz bei Frauchen und Herrchen anwenden, um ihren niedrigeren Rang in der Familie zu zeigen.

FORSCHER ERKLÄREN: DIE SCHWANZHALTUNG DER KATZE

- Nur zwei Katzenartige bilden soziale Gruppen: der Löwe und die Hauskatze.

- Hauskatzen mussten sich auf verschiedene Weise an das Leben in der Gruppe anpassen.

- Das Signal Schwänzchen-in-die-Höh' als Begrüßung wird von Katzen niedrigeren Ranges gegenüber ranghöheren Katzen gezeigt. Auf diese Weise bekräftigen die Katzen ihre Stellung in der Gruppe und können Konfrontationen vermeiden.

- Wenn ein Katzenjunges bei seiner Mutter trinken will, nähert es sich ihr mit erhobenem Schwanz. Vielleicht hat sich dieses „kindliche" Verhalten bewahrt, um den eigenen Rang in der Gruppe zu zeigen.

Wo will die Katze gestreichelt werden?

WENN DU EIN BUCH LIEST und eine schnurrende Katze auf deinem Schoß liegt, geht es dir dabei sicher sehr gut. Beruhigend streichelst du deine Katze, aber plötzlich bekommst du einen leichten Biss oder sie zuckt irritiert mit dem Schwanz. Was ist passiert? Wahrscheinlich hast du sie zu nah an der Schwanzwurzel gestreichelt. Im Gegensatz zu Hunden werden die meisten Katzen dort überhaupt nicht gern berührt. Aber du möchtest natürlich, dass deine Katze sich wohlfühlt, und fragst dich vielleicht, ob es eine Körperstelle gibt, an der sie die Streicheleinheiten am meisten genießt?

Deine Neugier kann durch zwei Studien gestillt werden, die in England beziehungsweise Neuseeland durchgeführt wurden. Die Forscher untersuchten das Verhalten von Katzen, die an verschiedenen Körperstellen gestreichelt wurden. Vor allem ging es um drei Bereiche, an denen die Katze Duftstoffe aussendet: aus Drüsen an der Schwanzwurzel, an der Schläfe zwischen Augen und Ohren sowie zwischen Kinn und Mundwinkel. Wenn die Katze an deinen Beinen oder an deiner Hand entlangstreicht, markiert sie dich mit dem Geruch aus diesen Duftdrüsen, ohne dass du es merkst. Du bekommst so einen vertrauteren Geruch für die Katze.

Am englischen Experiment nahmen 34 Katzen teil. Alle Experimente wurden im Zuhause der Katzen durchgeführt. Zunächst machten sich die Forscher 15 Minuten lang mit den Tieren bekannt. Danach streichelten sie acht Stellen des Kat-

Markiert sind die Bereiche des Körpers, an denen Katzen aus Drüsen Duft absondern.

zenkörpers, die auch Frauchen und Herrchen normalerweise streicheln. Neben den drei Bereichen, an denen die Duftdrüsen sitzen, streichelten sie auch den Kopf zwischen den Ohren, den Nacken, den Anfang und die Mitte des Rückens, die Brust und die Kehle. Die Forscher streichelten 15 Sekunden lang mit dem Strich und ausschließlich mit Zeige- und Mittelfinger.

Am nächsten Tag wurde die Prozedur wiederholt, aber diesmal streichelte Frauchen oder Herrchen. Die Forscher filmten alles und kategorisierten anschließend die Verhaltensweisen mithilfe eines vorher angelegten Katalogs, einem sogenannten Ethogramm, das Verhaltensforscher oft verwenden (siehe Tabelle rechts).

Die Katzen durften jederzeit gehen, wenn sie des Streichelns überdrüssig wurden. Nur 16 der 34 Katzen ließen sich an allen acht Stellen streicheln. Überraschender jedoch war, dass sie mehr aggressives und ausweichendes Verhalten gegenüber Frauchen und Herrchen zeigten als bei den Forschern. Eine Erklärung dafür lautet, dass Katzen schneller von ihren Besitzern genervt waren, wenn deren Verhalten anders war als erwartet. Die Neugier auf eine unbekannte Person machte die Katze toleranter für wunderliches Menschenverhalten.

Unabhängig davon, wer streichelte, wollte keine Katze am Ende des Rückens bei der Schwanzwurzel gestreichelt werden. Am liebsten wurden sie am Kopf gestreichelt, und da beson-

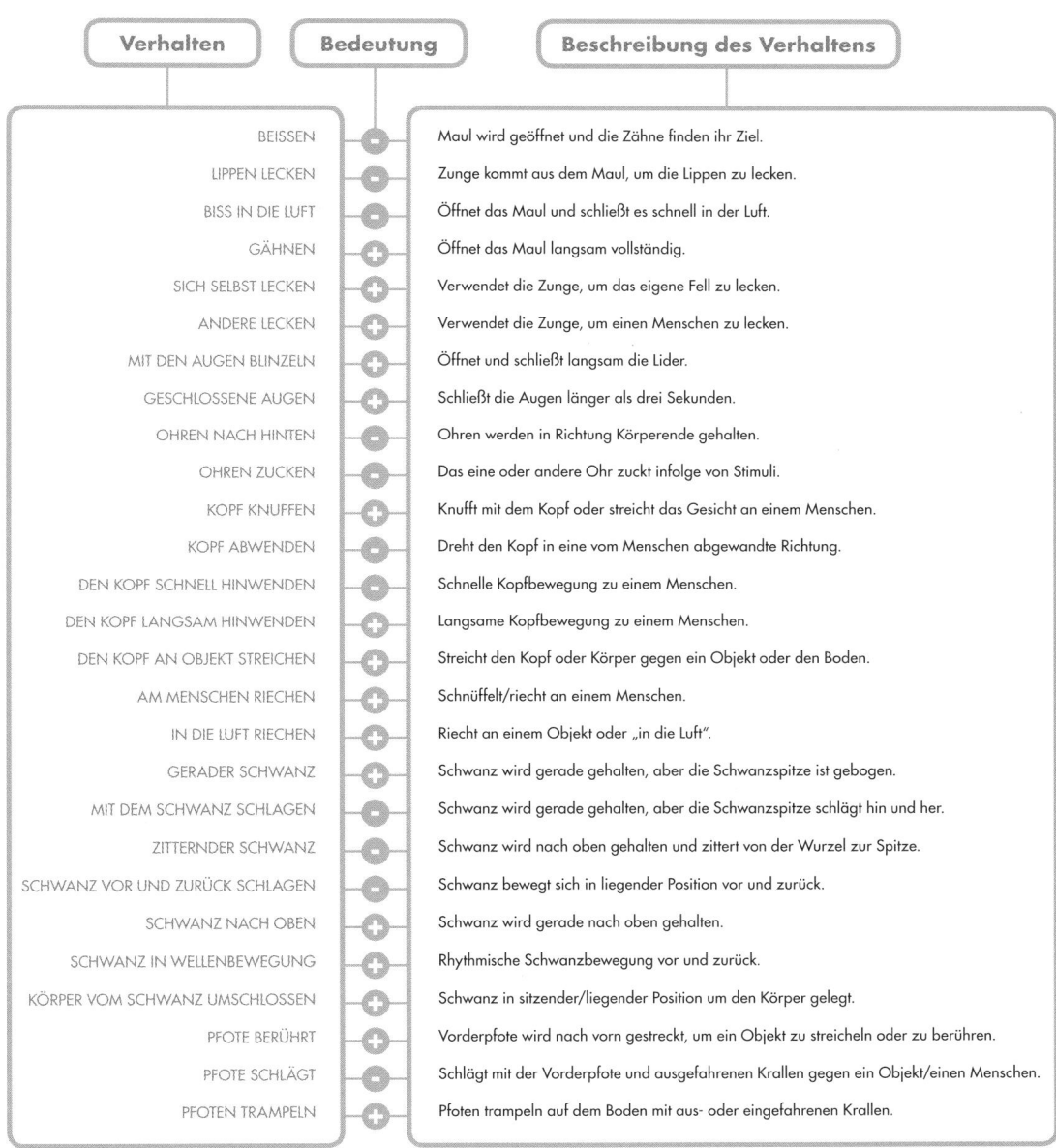

Verhalten	Bedeutung	Beschreibung des Verhaltens
BEISSEN	−	Maul wird geöffnet und die Zähne finden ihr Ziel.
LIPPEN LECKEN	−	Zunge kommt aus dem Maul, um die Lippen zu lecken.
BISS IN DIE LUFT	−	Öffnet das Maul und schließt es schnell in der Luft.
GÄHNEN	+	Öffnet das Maul langsam vollständig.
SICH SELBST LECKEN	+	Verwendet die Zunge, um das eigene Fell zu lecken.
ANDERE LECKEN	+	Verwendet die Zunge, um einen Menschen zu lecken.
MIT DEN AUGEN BLINZELN	+	Öffnet und schließt langsam die Lider.
GESCHLOSSENE AUGEN	+	Schließt die Augen länger als drei Sekunden.
OHREN NACH HINTEN	−	Ohren werden in Richtung Körperende gehalten.
OHREN ZUCKEN	−	Das eine oder andere Ohr zuckt infolge von Stimuli.
KOPF KNUFFEN	+	Knufft mit dem Kopf oder streicht das Gesicht an einem Menschen.
KOPF ABWENDEN	−	Dreht den Kopf in eine vom Menschen abgewandte Richtung.
DEN KOPF SCHNELL HINWENDEN	−	Schnelle Kopfbewegung zu einem Menschen.
DEN KOPF LANGSAM HINWENDEN	+	Langsame Kopfbewegung zu einem Menschen.
DEN KOPF AN OBJEKT STREICHEN	+	Streicht den Kopf oder Körper gegen ein Objekt oder den Boden.
AM MENSCHEN RIECHEN	+	Schnüffelt/riecht an einem Menschen.
IN DIE LUFT RIECHEN	+	Riecht an einem Objekt oder „in die Luft".
GERADER SCHWANZ	+	Schwanz wird gerade gehalten, aber die Schwanzspitze ist gebogen.
MIT DEM SCHWANZ SCHLAGEN	−	Schwanz wird gerade gehalten, aber die Schwanzspitze schlägt hin und her.
ZITTERNDER SCHWANZ	−	Schwanz wird nach oben gehalten und zittert von der Wurzel zur Spitze.
SCHWANZ VOR UND ZURÜCK SCHLAGEN	−	Schwanz bewegt sich in liegender Position vor und zurück.
SCHWANZ NACH OBEN	+	Schwanz wird gerade nach oben gehalten.
SCHWANZ IN WELLENBEWEGUNG	+	Rhythmische Schwanzbewegung vor und zurück.
KÖRPER VOM SCHWANZ UMSCHLOSSEN	+	Schwanz in sitzender/liegender Position um den Körper gelegt.
PFOTE BERÜHRT	+	Vorderpfote wird nach vorn gestreckt, um ein Objekt zu streicheln oder zu berühren.
PFOTE SCHLÄGT	−	Schlägt mit der Vorderpfote und ausgefahrenen Krallen gegen ein Objekt/einen Menschen.
PFOTEN TRAMPELN	+	Pfoten trampeln auf dem Boden mit aus- oder eingefahrenen Krallen.

Die Tabelle zeigt alle von den englischen Forschern zur Beurteilung festgelegten Verhaltensweisen der Katzen beim Streicheln. Ein Minus (-) bewertet das Verhalten als aggressiv oder ausweichend, während ein Plus (+) für kontaktsuchendes Verhalten steht.

ders an den zwei Bereichen, wo ihre Duftdrüsen sitzen: an den Schläfen und vom Kinn hoch zu den Wangen. Darauf konzentrieren sich Katzen ja auch, wenn sie einander lecken.

Wenn du deine Katze streichelst, solltest du daher auf Katzenart kommunizieren, indem du dich auf den Kopf konzentrierst. Rollige Weibchen genießen zwar auch das Streicheln an der Schwanzwurzel, sind aber eigentlich auf eine andere Art von Genuss aus.

Am neuseeländischen Experiment nahmen nur neun Katzen teil, und die Forscher streichelten nur drei Körperbereiche, an denen die Katze Duftdrüsen hat. Zum Schluss kategorisierten die Forscher eine geringere Anzahl von Verhaltensweisen als in der englischen Studie. Die Ergebnisse stimmten jedoch bei beiden Studien vollkommen überein.

FORSCHER ERKLÄREN: WIE DIE KATZE GESTREICHELT WERDEN WILL

- Katzen haben Duftdrüsen an den Schläfen und im Bereich zwischen Kinn und Wange.

- Wenn man diese Bereiche streichelt, werden Düfte freigesetzt, die dich für die Katze vertraut riechen lassen; dort möchte die Katze am liebsten gestreichelt werden.

- Vermeide das Streicheln der Schwanzregion, wo die Katze ebenfalls Duftdrüsen hat. Keine Katze (außer einer rolligen) mag das.

- Wenn du eine Katze hast und eine weitere Katze in den Haushalt einführen willst, kannst du folgendermaßen vorgehen: Reib ein Stück Stoff an Schläfe und Kinn der neuen Katze und gib es der „alten" Katze – und andersherum, schon bevor sie einander treffen. Dann können sie sich im Vorfeld mit dem Duft der anderen Katze vertraut machen.

Haarballen

KATZEN SIND REINLICHE TIERE. Einen großen Teil ihrer Zeit lecken sie sich selbst oder einander. Da ihre raue Zunge mit kleinen Widerhaken bedeckt ist, überrascht es nicht, dass sie jeden Tag große Mengen Haare verschlucken. Normalerweise ist das kein Problem. Die Haare passieren den Magen-Darm-Trakt unverdaut und werden mit dem Kot wieder ausgeschieden. Aber wenn sich so viele Haare angesammelt haben, dass sie den Zwölffingerdarm nicht passieren können, muss die Katze einen Haarballen „hochhusten".

Auch Greifvögel und Eulen spucken Ballen aus unverdautem Fell, Federn und Knochen aus. Das ist ein notwendiger Teil ihrer Verdauung. Erst wenn das Gewölle ausgespuckt ist, kann der Vogel wieder fressen. Für die Haarballen der Katzen gibt es nicht dieselbe physiologische Erklärung. Wenn es so wäre wie bei den Vögeln, würden Katzen jeden Tag Haarballen ausspucken. Glücklicherweise sind Haarballen bei Katzen ein relativ ungewöhnliches Phänomen. Viele Frauchen und Herrchen glauben jedoch, dass das Spucken ein normales Verhalten ist, und fragen keinen Tierarzt um Rat. Erstaunlich wenige Forscher haben sich diesem Phänomen gewidmet. Die englische Tierärztin Martha Cannon jedoch publizierte eine Detailbeschreibung der Haarballen von Katzen.

Wie häufig kommt es vor, dass Katzen Haarballen ausspucken? Eine scheinbar einfache Frage, aber tatsächlich haben wir kaum Informationen darüber. Deswegen befragte Martha Cannon Frauchen und Herrchen von Katzen, die zum Impfen in die Klinik kamen. Katzen mit diagnostizierten Magen-Darm- oder Hautkrankheiten nahmen nicht an der Untersuchung teil, weil sie gemeinhin mehr Probleme mit Haarballen haben als gesunde Katzen. Bei gesunden, kurzhaarigen Katzen kamen Haarballen selten vor; nur 20 Prozent spuckten zwei oder mehr Haarballen pro Jahr aus. Bei den langhaarigen Katzen waren es 55 Prozent. Mehr als die Hälfte der kurzhaarigen Katzen hatte, soweit ihre Besitzer wussten, noch nie einen Haarballen ausgespuckt.

Bei langhaarigen Katzen kommen Haarballen häufig vor, was aber nicht heißen muss, dass etwas nicht in Ordnung ist. Bei kurzhaarigen Katzen können Haarballen auf eine chronische Magen-Darm-Krankheit oder eine Nahrungsmittelintoleranz hindeuten, wenn die Symptome vor allem nach dem Fressen auftauchen. Haarballen, Durchfall oder häufiges Erbrechen nach dem Fressen von Gras sind Zeichen dafür, dass eventuell etwas mit dem Magen nicht stimmt. In den meisten Fällen aber sind Flöhe oder Hautkrankheiten die Ursache dafür, dass die Katze sich häufiger als normal leckt. Unruhe und Schmerzen können ebenfalls zu übertriebenem Lecken führen.

Wie kannst du deiner Katze helfen, Haarballen zu vermeiden? Eine veränderte Ernährung kann das Problem teilweise lösen. Es ist jedoch nicht wissenschaftlich belegt, dass Spezialfutter gegen Haarballen hilft, obwohl es oft so beworben wird. Auch ist nicht gesagt, dass eine „natürliche" Ernährung mit rohem Hackfleisch oder Fleisch am Knochen gegen Haarballen hilft oder für bessere Zahngesundheit und Fellqualität sorgt. Man kann der Katze kleinere Futterportionen geben, damit der Magen-Darm-Trakt die Nahrung leichter verdauen kann und die Haare auf dem natürlichen Weg ausgeschieden werden. Einige Tropfen Paraffinöl im Futter können auch bei der Verdauung helfen.

Die einfachste und garantiert hilfreiche Methode ist, die Menge der Haare zu reduzieren. Die Katze täglich zu bürsten ist eine Möglichkeit, und bei den Langhaarkatzen kann ein sogenannter Löwenschnitt (alle Haare bis auf die Kopf-, Bein- und Schwanzhaare werden kurz geschnitten) eine Lösung sein. Bleibt das Problem bestehen, sollte ein Tierarzt zurate gezogen werden. Er kann untersuchen, ob eine Krankheit den Haarballen zugrunde liegt. Wenn das nicht der Fall ist und keiner der oben stehenden Ratschläge hilft, kann der Tierarzt lindernde Medikamente verschreiben, auch wenn die Haarballen dadurch nicht verschwinden.

FORSCHER ERKLÄREN: HAARBALLEN

- Katzen nehmen auf natürlichem Weg täglich viele Haare auf. Wenn eine Katze vereinzelt einen Haarballen hochwürgt, muss das nicht auf ein Problem hinweisen.

- Bei langhaarigen Katzen kommen Haarballen doppelt so häufig vor wie bei kurzhaarigen.

- Wenn deine kurzhaarige Katze regelmäßig Haarballen ausspuckt, leckt sie sich eventuell ungewöhnlich viel – aufgrund von Flöhen, einer Hautkrankheit oder weil der Magen-Darm-Trakt nicht richtig funktioniert.

- Haarballen kann man sehr einfach reduzieren, indem man durch regelmäßiges Bürsten die Haarmenge verringert, die die Katze zu sich nehmen kann.

- Der Katze kleine Futterportionen zu geben, erleichtert die Verdauung oft. Wenn das nicht hilft, können einige Tropfen Paraffinöl gegen Verstopfung helfen.

- Spezialfutter gegen Haarballen kann wirksam sein, auch wenn es bis heute keine wissenschaftlichen Belege dafür gibt.

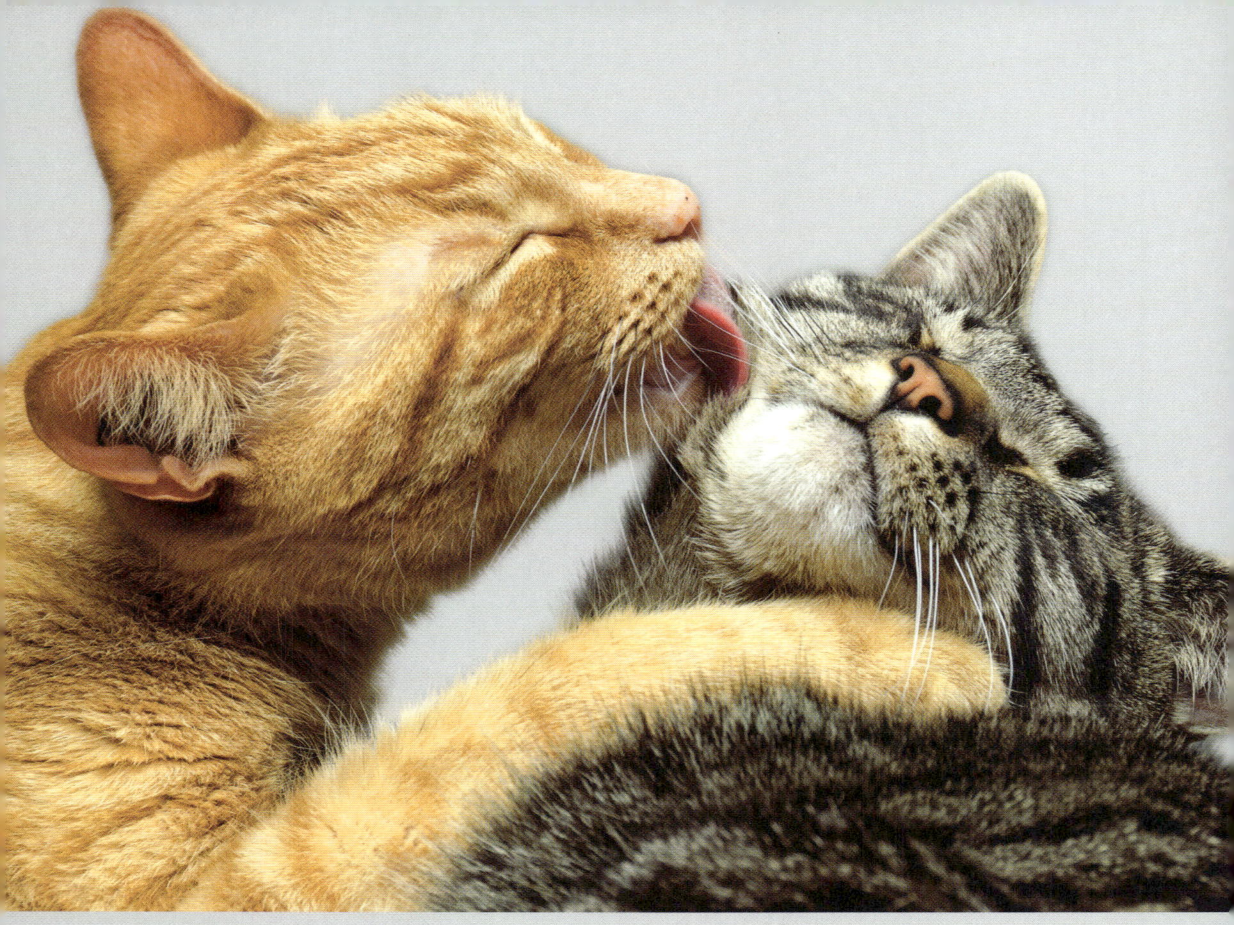

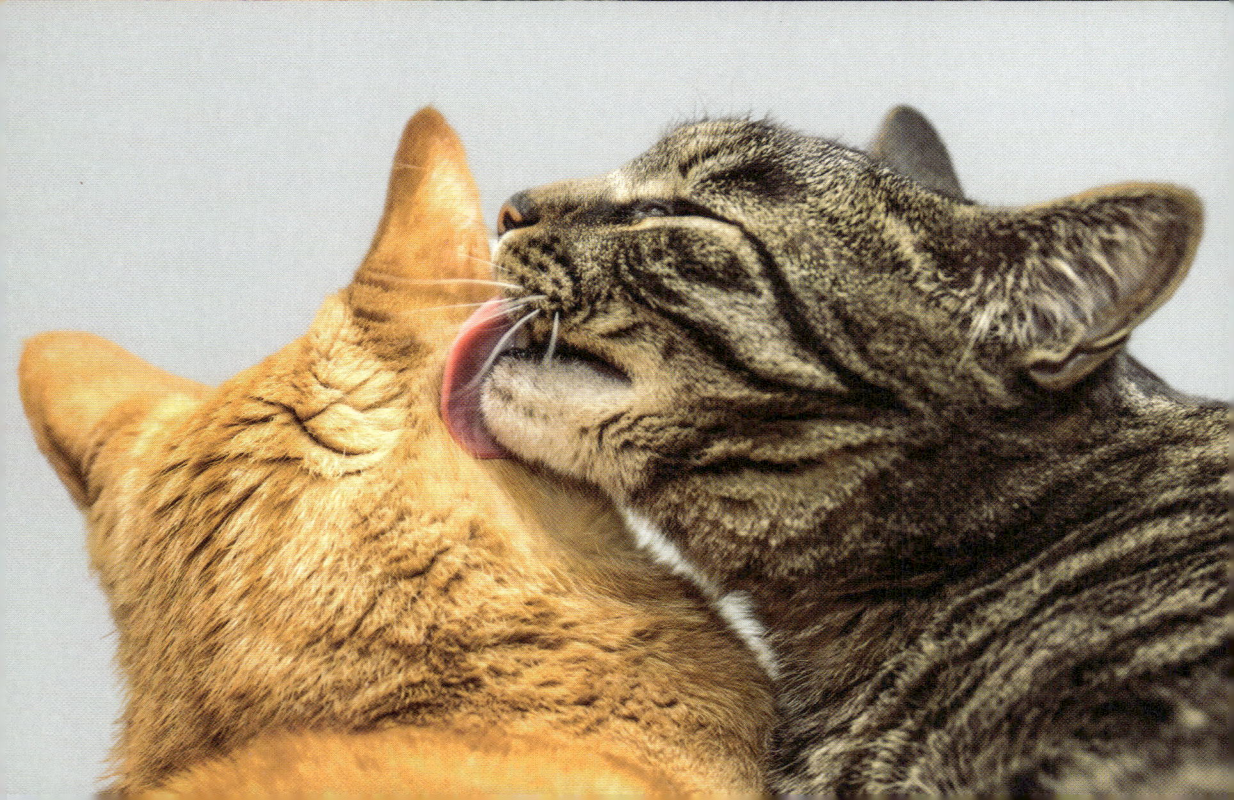

Die Fellpflege

PUTZEN, KÜMMERN, BETREUEN, PFLEGEN ...? Nein, es gibt keine richtig gute Übersetzung für das englische *social grooming*. Gorillas, Pferde, Papageien und Katzen sind Arten, die das zu zweit machen. Das Grooming hat teils eine reinigende Funktion, denn es entfernt Schmutz und Parasiten, teils eine soziale, denn es stärkt das Freundschaftsband und mindert Konfliktsituationen zwischen Individuen. Wir Menschen betreiben Grooming, wenn wir einander den Rücken kraulen oder wenn Eltern ihren Kindern über den Kopf streicheln.

Die Schlüsselwörter für Katzen, die in der Gruppe leben, sind Toleranz und Vermeidung. Katzen teilen Zimmer oder Schlafplätze oft untereinander auf und bevorzugen unterschiedliche Tageszeiten, um Zeit mit Frauchen oder Herrchen zu verbringen. Das kann die Anzahl der Konflikte verringern. Bei in Gruppen lebenden Katzen hat auch das Grooming eine wichtige Funktion. Es bietet ihnen die Möglichkeit, offenen Konflikten zu entkommen. Die Wissenschaftler wollten schon lange mehr über dieses soziale Zusammenspiel herausfinden. Wie gestaltet es sich, wenn die Katzen keine Möglichkeit haben, einander zu entkommen, wie es bei Wohnungs- oder Tierheimkatzen der Fall ist?

Um mehr über das Grooming bei Katzen zu erfahren, müssen wir zunächst analysieren, wie Katzen ihr eigenes Fell lecken. Die Forscher Robert Eckstein und Benjamin Hart aus Kalifornien haben zwei Experimente durchgeführt, um das Wann, Wo und Wie des Leckens zu verstehen. Alle Katzen waren parasitenfrei, da Katzenflöhe und andere Plagegeister die Häufigkeit des Leckens beeinflussen können. Zunächst beobachteten die Forscher elf Katzen zwei Tage lang von sechs Uhr morgens bis sechs Uhr abends. Jede Katze saß in ihrem Zimmer, für die genaue Analyse wurde alles auf Video aufgezeichnet. Am meisten leckten sich die Katzen selbst das Gesicht mithilfe ihrer Pfoten, danach in geringerem Ausmaß die Hinterbeine, den vorderen Teil des Körpers, Hals und Brust, die Geschlechtsregion, den hinteren Teil des Körpers und schließlich den Schwanz. Im Normalfall begannen sie mit dem Gesicht und gingen dann systematisch Körperteil für Körperteil nach hinten durch. Die Katzen leckten sich das Fell oft gründlich nach einer längeren Schlafpause, in der sie sich naturgemäß nicht hatten putzen können.

Im zweiten Experiment mussten neun Katzen drei Tage lang einen Trichter um den Kopf tragen. Währenddessen konnten die Katzen alles tun, außer sich zu lecken. Dann nahmen die Forscher ihnen den Trichter ab und verglichen, wie intensiv sie sich im Vergleich mit einer Kontrollgruppe, die nur ein Halsband getragen hatte, leckten. In den ersten zwölf Stunden schienen die Katzen mit Trichter einen aufgestauten Bedarf zu haben und leckten sich deutlich öfter als die Kontrollgruppe. In den nächsten zwölf Stunden gab es keinen Unterschied mehr. Zusammen mit früher durchgeführten Studien zeigt dieses Experiment, dass Katzen ohne Parasiten ihr Fell mehr infolge alter Gewohnheiten lecken und weniger, weil ihr Fell wirklich schmutzig ist. Natürlich lecken Katzen sich, wenn sie schmutzig sind, aber wenn man bedenkt, dass sie unverhältnismäßig viel Zeit mit dieser Aktivität verbringen, scheinen sie damit eher einem starken inneren Bedürfnis nachzugehen.

Wie ist nun die Situation, wenn zwei Katzen sich dem Grooming widmen? Mit dieser Frage hat sich der Niederländer Ruud van den Bos intensiv beschäftigt. Er beobachtete 24 Katzen, die sich von klein auf kannten. Einige waren nahe miteinander verwandt, andere nicht. Unabhängig vom Geschlecht waren alle kastriert. Die Katzen waren bereits früher untersucht worden, wobei eine grobe Rangordnung (niedrig, mittel, hoch) erstellt worden war. Ruud van den Bos beobachtete über einen Zeitraum von sechs Monaten paarweise Interaktionen. Normalerweise stand die leckende Katze, während die Katze, die geleckt wurde, lag. Vor allem wurde der Nacken geleckt. Am häufigsten fand das Lecken nicht gegenseitig statt, und in einem Drittel der Fälle endete es damit, dass die leckende Katze negativ auf die geleckte reagierte und fauchte, knurrte oder irritiert mit dem Schwanz schlug. In über 90 Prozent der Fälle war es ein Männchen, das die Initiative zum Grooming ergriff. Individuen mit höherem Rang leckten die Rangniedrigeren. Verwandte Katzen leckten einander nicht häufiger als andere. Aus diesen Ergebnissen schlussfolgerte Ruud van den Bos, dass Katzen sich nicht lecken, um einander zu säubern, und auch nicht, weil sie sich davon einen Vorteil versprechen, frei nach dem Motto: „Nach oben lecken, nach unten treten." Stattdessen meint er, dass Grooming eine Möglichkeit ist, Druck abzubauen und die Spannung zwischen den Katzen zu mindern. Das Lecken ähnelt eher einem Scheinangriff, bei dem die dominante Katze oft aggressives Verhalten zeigt und am ehesten im Nacken leckt – dem Körperteil, den Katzen beim Kampf oft attackieren.

Manchmal reicht das Grooming nicht aus, um die Spannung in einer Katzengruppe zu mindern. Zwei Katzen geraten kurz aneinander, gleich danach sitzt jede in ihrer Ecke und leckt sich nervös um die Nase und am Körper. Das ist eine typische Übersprunghandlung infolge des Stresses, den der Kampf ausgelöst hat. Ruud van den Bos hat in seinen Studien gezeigt, dass dieses Verhalten meistens in einer bis wenigen Minuten nach dem Kampf aufhört. Wenn eine Katze hingegen lang anhaltenden Stress erlebt oder nervös veranlagt ist, kann das Lecken überhandnehmen. Dass eine Katze sich das Fell stellenweise kahl leckt, kann auf verschiedene Krankheiten oder Allergien hindeuten. Aber die Ursache kann auch psychologischer Natur sein, wenn die Katze beispielsweise nie die Möglichkeit hat, sich zu entspannen.

FORSCHER ERKLÄREN: DAS GROOMING BEI KATZEN

- Wenn Katzen sich selbst lecken, fangen sie im Gesicht an und arbeiten sich dann Körperteil für Körperteil nach hinten bis zum Schwanz durch.

- Besonders gründlich lecken sich Katzen nach einer längeren Schlafpause.

- Natürlich lecken sich Katzen selbst, wenn sie schmutzig sind, aber ihr inneres Bedürfnis ist der Grund, warum sich Katzen mehrmals am Tag lecken.

- Wenn Katzen einander lecken, geschieht das nicht aus hygienischen Gründen oder um sich mit Katzen anzufreunden, deren Bekanntschaft nützlich sein kann. Eher ist es eine Möglichkeit, Druck abzubauen und Spannungen innerhalb der Katzengruppe zu mindern.

- Nach einem Kampf lecken Katzen sich selbst intensiv. Mit dieser Übersprunghandlung beruhigen sie sich selbst.

- Eine Katze, die lang anhaltendem Stress ausgesetzt ist, kann sich das Fell stellenweise kahl lecken. Lass abklären, dass keine Krankheit dahintersteckt. Danach solltest du darüber nachdenken, wie du dein Zuhause verändern kannst, damit es für die Katze harmonischer wird. In der Apotheke gibt es auch synthetisch hergestellte Pheromone zur Beruhigung der Katze zu kaufen.

DAS
TEMPERAMENT
DER KATZE

Was kannst du tun, um eine freundliche Katze zu bekommen? Ist es nur das Erbgut oder beeinflusst auch das Aufwachsen, wie sozial sich eine erwachsene Katze verhält? In den folgenden fünf Kapiteln lernst du, wie du mit deiner Katze umgehen solltest, damit sie sich wohlfühlt. Außerdem bekommst du Ratschläge, wie du mit aggressivem Verhalten umgehst, damit deine Katze und du zu häuslichem Frieden findet.

Geborgenes Aufwachsen

DU WILLST EINE FREUNDLICHE und soziale Katze, die sich mit dir, deiner Familie, deinen Freunden und anderen Haustieren wohlfühlt. Eine Katze, die dich mit erhobenem Schwanz begrüßt und an deinen Beinen entlangstreicht. Wenn du sie hochhebst, schnurrt sie, wenn du sie kraulst, tritt sie mit den Pfoten auf der Stelle und reibt ihr Gesicht an dir, vielleicht sabbert sie vor lauter Zufriedenheit. Auch Besucher dürfen an diesem Erlebnis teilhaben. Solche unbekümmerten Katzen sind sichtlich ausgeglichen. Katzen, die sich lieber zurückziehen, statt dich zu begrüßen, die sich irgendwo verstecken und alles tun, um Augenkontakt zu vermeiden, sind unsicher und fühlen sich im sozialen Leben nicht wohl. Aber wie kannst du dafür sorgen, dass deine Katze sich ruhig und sozial verhält?

Damit beschäftigen sich Forscher schon seit Langem. Die entsprechenden Studien drehen sich immer wieder um die Frage, inwiefern das soziale Verhalten von den Genen oder der Umwelt abhängt. Sollte die Umgebung beim Aufwachsen ausschlaggebend sein, folgt die Frage, ab wann und wie du mit der Katze in Kontakt kommen musst, damit sie so stabil wie möglich wird.

Sandra McCune von der englischen University of Cambridge wollte untersuchen, ob die väterlichen Gene eine Rolle für das spätere Sozialverhalten einer Katze spielen. Die Prägung durch mütterliche Gene ist schwieriger zu untersuchen. Katzenjunge verbringen ja im Normalfall die ersten Monate vollständig bei ihrer Mutter. Da herauszufinden, welches Verhalten von ihr vererbt oder erlernt wurde, ist unmöglich. Sandra McCune erdachte ein brillantes Experiment, um den Einfluss von Genen und Umwelt genauer zu bestimmen. Zwei Kater waren Väter von jeweils sechs Jungen; der eine Vater wies alle Zeichen von Unfreundlichkeit und Unsicherheit auf, während der andere freundlich und ruhig war. Die Hälfte der Jungen vom unfreundlichen Papa wurde im Alter zwischen zwei und zwölf Wochen sozialisiert. Jeden Tag kam eine Pflegerin zu ihnen, streichelte sie eine Stunde lang und sprach freundlich mit ihnen. Die andere Hälfte hatte kaum Kontakt mit der Pflegerin, die nur zum Füttern und zum Säubern des Katzenklos hereinkam. Genauso wurde der Nachwuchs des freundlichen Papas behandelt: Die eine Hälfte wurde sozialisiert, die andere nicht.

Mit einem Jahr nahmen alle Katzen an drei verschiedenen Versuchen teil: Eine den Katzen vertraute Pflegerin setzte sich auf einen Stuhl mitten im Zimmer, dann setzte sich eine fremde Person auf den Stuhl. Beim letzten Versuch wurde der Stuhl durch eine größere Holzkiste mit zwei Öffnungen ersetzt. Das Verhalten der Katzen wurde von der Forscherin dokumentiert, die sich hinter einem verspiegelten Fenster befand (wie du es aus den Verhörräumen in Kriminalfilmen kennst). Von den vier Gruppen stachen zwei in ihrem Verhalten hervor: die Gruppe mit dem freundlichen Vater, die als Junge sozialisiert worden waren (Verhalten: grüßten sofort, rieben sich an der Person, trampelten mit den Pfoten), und die Gruppe mit dem unfreundlichen Vater, die als Junge nur Minimalkontakt mit Menschen gehabt hatten (Verhalten: fauchten, versteckten sich). Die Katzen der beiden anderen Gruppen lagen bei allen Tests im Mittelfeld. Unabhängig davon, ob die Katzen die Person im Zimmer bereits kannten oder nicht, blieb das Ergebnis dasselbe. Nicht Gene *oder* Umwelt, sondern Gene *und* Umwelt bestimmen also, welches Sozialverhalten die erwachsene Katze zeigt.

Der Versuch mit der Holzkiste gab einen wichtigen Hinweis darauf, inwiefern Gene ein bestimmender Faktor sein können. Denn hier spielte es überhaupt keine Rolle, ob die Katzen sozialisiert worden waren. Das einzig Ausschlaggebende dafür, ob sie neugierig waren und in die Kiste gingen, war der freundliche Papa. Sandra McCune glaubt, dass das, was Forscher Freundlichkeit nennen, auch Aspekte wie Mut und Neugier auf unbekannte Situationen einschließt. In die Holzkiste zu gehen, war ein vom Vater vererbtes Verhalten; alle Jungen des unfreundlichen Vaters starrten sie nur misstrauisch an. Die Sozialisierung von Katzen im jungen Alter gewöhnt sie an den Umgang mit Menschen, sorgt aber nicht dafür, dass sie in unbekannten Situationen verwegener und vorwitziger sind. Da spielen stattdessen die Gene eine Rolle.

Wann und wie solltest du deine Katze am besten sozialisieren, damit sie als Erwachsene ruhig und freundlich ist? Sarah Lowe und John Bradshaw von der englischen University of Southampton haben genauestens studiert, ab welchem Alter man mit Katzenjungen in Kontakt treten sollte. Die Antwort lautet: Je früher, desto besser. Fang bereits im Alter von zwei Wochen an. Wenn du wartest, bis die Jungen älter als sieben Wochen sind, ist die Sozialisierung mit dem Menschen nicht mehr so effektiv. Es ist außerdem wichtig, mit der Sozialisierung fortzufahren, wenn die Katze acht bis sechzehn Wochen alt ist. Das ist dann das „Feintuning", bei dem die Katze auch lernt, mit unbekannten Menschen und neuen, ungewohnten Situationen umzugehen. Eine Party zu veranstalten, wenn die Katzenjungen drei bis vier Monate alt sind und alle Gäste sie streicheln, ist vielleicht keine so dumme Idee! Studien zeigen, dass erwachsene Katzen weniger Angst vor unbekannten Personen haben, wenn sie von klein auf mit mehreren Menschen Umgang hatten. Am besten sollte man sich jeden Tag ordentlich Zeit nehmen: Mindestens 45 Minuten Schmuserei und Spiel sorgen für nettere und ruhigere erwachsene Katzen als nur 15 Minuten.

FORSCHER ERKLÄREN: AUFWACHSEN IN SICHERHEIT

🐾 Beschäftige dich viel mit dem Katzenjungen, wenn es zwischen zwei Wochen und vier Monaten alt ist. Diese Sozialisierung führt zu freundlicheren, ruhigeren Katzen, die sich als Erwachsene wohler fühlen.

🐾 Je mehr du dich mit den Katzenjungen beschäftigst, desto besser. Vergiss aber nicht, dass sie auch viel Schlaf brauchen, störe also keine schlafenden Jungen. Sehen die Katzen beim Kontakt gestresst oder ängstlich aus, lässt du es lieber ruhig angehen.

🐾 Spiele und schmuse lieber 45 als 15 Minuten lang. Hör auf, wenn die Katze deutlich macht, dass sie nicht mehr kann oder will.

🐾 Nicht nur die Umgebung, in der die Katze aufwächst, spielt eine Rolle für ihr Verhalten als Erwachsene. Erbfaktoren beeinflussen offenbar, ob die Katze mutig und neugierig ist, was oft auch als Freundlichkeit ausgelegt werden kann.

Das Charisma der Katze

ES GIBT KEINEN ZWEIFEL DARAN, dass Katzen große Persönlichkeiten sind. Das Charisma einer Katze steht dem vieler Filmstars in nichts nach. Fakt ist, dass Katzen wie Nala und Lil Bub mehrere Millionen Follower auf Instagram haben, mehr als die meisten berühmten Menschen. Allein im Jahr 2014 wurden über zwei Millionen Katzenvideos auf YouTube hochgeladen und erhielten 26 Milliarden Klicks. Aber warum dominieren ausgerechnet Katzen das Netz?

Der neuseeländischen Forscherin Radha O'Meara zufolge hat die Beliebtheit der Katze damit zu tun, dass sie mystisch, würdevoll und unzähmbar ist. Daher ist es für uns überraschend, wenn eine Katze sich tollpatschig verhält, und wir lachen darüber, wie gekränkt sie hinterher aussieht. Wir übertragen unsere eigenen Gefühle auf die Katze; Psychologen bezeichnen das als Projektion. Tief im Innern wissen wir jedoch, dass Grumpy Cat zeit ihres Lebens eigentlich nicht besonders verbittert und mürrisch war.

Für einen Artikel in der Zeitschrift *Psychological Reports* ließen Christina Lee und Kollegen aus dem US-amerikanischen Missouri Besitzer von 196 Katzen die Persönlichkeit ihres Tiers bestimmen. Die Forscher wollten untersuchen, ob man die Persönlichkeit der Katze auf die gleiche Art beschreiben kann, wie es Psychologen bei uns Menschen machen. Laut dem sogenannten Fünf-Faktoren-Modell haben wir Menschen universelle Züge, die nicht kultur- oder situationsabhängig sind: Offenheit, Gewis-

senhaftigkeit, Extraversion, Verträglichkeit und Neurotizismus (Wut, Angst, Verletzlichkeit). Christina Lee und ihre Kollegen wollten untersuchen, ob Geschlecht oder Alter einen Einfluss auf die Persönlichkeit der Katze hatte. Die Besitzer sollten an ihrer Katze zwölf verschiedene Persönlichkeitszüge von 1 (trifft überhaupt nicht zu) bis 5 (trifft voll und ganz zu) bewerten. Vier verschiedene Katzengruppen konnten nach der statistischen Auswertung des Materials unterschieden werden. Die erste Katzengruppe hatte gemeinsame Züge wie aktiv, klug, neugierig und sozial, die zweite war empfindsam, freundlich und beschützend, die dritte aggressiv und wütend, die vierte zurückgezogen. Je älter die untersuchten Katzen waren, desto weniger wurden sie von den Besitzern als sozial, verspielt und neugierig wahrgenommen. Hingegen hatte das Geschlecht der Katze keinen Einfluss, was die Forscher wunderte. Sie hatten erwartet, dass die Kater zur dritten Gruppe mit aggressiven und wütenden Zügen gehören würden. Da die Forscher nicht wussten, wie viele der Katzen kastriert waren, konnten sie nicht mit Sicherheit sagen, welche Rolle das Geschlecht für das Verhalten der Katze spielt.

2013 werteten Marieke Gartner und Alexander Weiss aus Edinburgh in Schottland alle 20 Artikel aus, die bis dahin über die Persönlichkeit der Katze publiziert worden waren. In den meisten Artikeln herrschten die Persönlichkeitszüge sozial, dominierend und neugierig vor. Wie auch Christina Lee und Kollegen bereits gezeigt hatten, beeinflusst das Alter der Katze die Persönlichkeit. Überraschenderweise hat bisher noch keine Studie im Detail untersucht, welche Bedeutung Kastrierung für die Persönlichkeit hat oder ob es Persönlichkeitsunterschiede zwischen Rassekatzen und Mischrassen gibt. In einem Artikel von 2015 zeigten Marieke Gartner und Kollegen, dass die Persönlichkeit der Hauskatze sich erstaunlich wenig von derjenigen der wilden Katzenartigen unterscheidet. Sie beurteilten verschiedene Tiere in Gefangenschaft: Schneeleopard, Baumleopard, Löwe,

Europäische Wildkatze und Hauskatze. Alle Katzenartigen zeigten dieselben Züge wie dominierend, neurotisch und impulsiv.

Der Forschung über die Persönlichkeit der Katze steht eine spannende Zukunft bevor. Vielleicht finden wir heraus, dass Katzen in Wahrheit doch mürrisch und verbittert sind. Dem Aussehen von Grumpy Cat lag laut ihrer Besitzerin Tabatha Bundesen aber kein Charakterzug zugrunde, sondern feliner Kleinwuchs. Tabatha kann darüber wohl nicht besonders traurig gewesen sein, denn der Verkauf von Grumpy-Cat-Fanartikeln wie Büchern, Spielzeug und T-Shirts soll in nur zwei Jahren 50 Millionen Euro eingebracht haben. Das ist mehr, als der schwedische Fußballer Zlatan Ibrahimović in der gleichen Zeit verdient hat. Solch einen Erfolg können Katzen im Internet haben!

FORSCHER ERKLÄREN: DAS CHARISMA DER KATZE

- Genau wie Menschen scheinen Katzen universelle Persönlichkeitszüge zu haben, die nicht an eine bestimmte Situation gebunden sind.

- Normalerweise werden Katzen von ihren Besitzern als sozial, dominierend und neugierig beschrieben. Aber es gibt auch Katzen, die eher gefühlvoll, freundlich und beschützend sind. Eine dritte Gruppe ist aggressiv und wütend, und die letzte Gruppe Katzen ist zurückgezogen.

- Je älter die Katze, desto weniger sozial und neugierig wird sie von ihrem Besitzer wahrgenommen.

- Das Geschlecht der Katze und ob sie eine Rassekatze ist oder nicht, scheint keine Rolle für ihre Persönlichkeit zu spielen.

- Es muss noch erforscht werden, inwieweit Kastration von Katzen ihre Persönlichkeit beeinflusst.

Aggressive Katzen

ALLE, DIE SCHON EINMAL eine Katze etwas zu lange gestreichelt oder mit ihr gespielt haben, haben das erlebt: Scheinbar ohne Vorwarnung faucht die Katze und du bekommst einen ziemlich rauen Biss in die Hand. In den meisten Fällen hat die Katze vorher eigentlich signalisiert, dass es ihr jetzt reicht. Aber es ist nicht immer leicht, das irritierte Zucken der Schwanzspitze oder die nach hinten gerichteten Ohren wahrzunehmen. Wir sind vielleicht so sehr ins Spiel vertieft, dass wir weitermachen, obwohl die Katze dagegen ist.

Im Vergleich zu einem Biss von einem aggressiven Hund sehen wir den Biss einer Katze selten als großes Problem an, da es sich oft nur um eine oberflächliche Wunde handelt. Trotzdem kommen Katzenbesitzer immer häufiger zum Tierarzt, um Rat wegen ihrer aggressiven Katze einzuholen. Und wenn die vom Tierarzt vorgeschlagene Behandlung nicht hilft, kommen die Katzen nicht selten ins Tierheim. Schaut man sich die Gründe an, warum eine Katze in den USA ins Tierheim kommt, liegt in 15 Prozent der Fälle Aggressivität gegen Menschen vor und in zwölf Prozent der Fälle Aggressivität gegen andere Katzen.

Können wir vorhersehen, welche Katzen sich in der Risikozone befinden? Eine spanische Forschergruppe unter der Leitung von Marta Amat hat einen interessanten Vergleich zwischen zwei Gruppen angestellt, die zum Tierarzt kamen: Die eine Gruppe suchte Rat, weil die Katzen aggressiv waren, die andere machte einen Routinebesuch zur Impfung oder Gesundheitskontrolle (keine Verhaltensprobleme). Es zeigte sich, dass die streitlustigen Katzen häufiger Wohnungskatzen und unkastriert waren,

aus Haushalten mit nur einer Katze kamen und in der Zoo-handlung gekauft worden waren. Frühere Studien haben so-gar gezeigt, dass Weibchen aggressiver sind als Männchen. Am häufigsten werden Aggressionen gegen Menschen beim Spielen und Streicheln ausgelöst. Daher glauben Wissenschaftler, dass Einzelkatzen – besonders diejenigen, die nicht nach draußen dürfen – ein unterdrücktes Bedürfnis nach Spiel und Herausfor-derung haben, das von Frauchen und Herrchen nicht vollkom-men befriedigt wird. Der Anteil der Wohnungskatzen lag in der spanischen Studie bei 78 Prozent, was eine deutlich höhere Zahl ist als in anderen europäischen Ländern wie Schweden (57 Pro-zent) oder Großbritannien (weniger als 20 Prozent). Dass Katzen aus einer Zoohandlung aggressiver sind, hat den Forschern zu-folge damit zu tun, dass sie nicht als Jungkatzen sozialisiert wur-den. Kastrierte Katzen sind im Allgemeinen ruhiger. Das wurde in einer Vielzahl von Studien nachgewiesen, auch wenn nicht abschließend festgestellt wurde, woran das liegt.

Sind bestimmte Menschen eher das Ziel aggressiver Katzen? In einer zweiten Studie aus Spanien untersuchte Jorge Palacio mit seinen Kollegen, wer in der Familie den Angriffen der Katze am häufigsten ausgesetzt war. Sie analysierten fast 1000 Fälle, in de-nen Menschen in Valencia nach einem Katzenangriff zum Arzt gegangen waren. Viele kommen nach einem Kratz- oder Beißvor-fall zum Arzt, weil es in der Region Tollwut gibt. Der Biss einer tollwütigen Katze kann diese tödliche Krankheit auf den Men-schen übertragen. Keine der Katzen trug den Virus jedoch in sich. Die Angriffe wurden nicht von einer Krankheit ausgelöst, sondern durch bewusste Provokationen des Menschen beim Spiel. Frauen und Kinder spielen im Allgemeinen mehr mit Katzen, sie waren den Angriffen auch am häufigsten ausgesetzt. Unter den Kindern gab es am häufigsten Verletzungen an den Händen (32 Prozent) und Armen (30 Prozent), gefolgt von Verletzungen am

Kopf (19 Prozent) und an den Beinen (17 Prozent). Wir wissen nicht, warum einige Katzen aggressiv werden, wenn Frauchen und Herrchen sie nur streicheln. Eine Theorie lautet, dass die Katzen überstimuliert werden und wir ihre Signale nicht verstehen; eine andere, dass die Katzen die Situation kontrollieren wollen und selbst bestimmen, wann sie genug haben. Eine dritte Theorie ist, dass wir falsch streicheln; oft streicheln wir mit der Hand den ganzen Kopf, statt uns auf einen kleineren Bereich zu konzentrieren, wie es die Katzen tun, wenn sie einander lecken.

Auch Angst kann Ursache für aggressives Verhalten gegenüber Menschen sein. Du bist vielleicht in der Nähe der Katze, wenn etwas Unangenehmes passiert, das die Katze nicht unter Kontrolle hat, zum Beispiel erklingt ein lautes Geräusch, ein Hund geht allzu nah vorbei oder zwei Katze streiten sich unterm Fenster. Die Angst kann dann als Aggression gegen dich oder eine andere Katze im Haushalt zum Ausdruck kommen. Und diese Angst kann die Katze noch lange mit dir oder ihrer Katzenfreundin in Verbindung bringen, obwohl der Schreckmoment vorbei ist. Schlussendlich zeigen einige Katzen mitunter eine Aggressivität, die man am besten damit erklärt, dass sie eine soziale Dominanz dem Menschen gegenüber zeigen wollen, vielleicht besonders bei Gästen, die zufällig zu Besuch kommen. Eine solche Katze setzt den Menschen mit einer beliebigen anderen Katze gleich.

Um mit aggressivem Verhalten bei Katzen zurechtzukommen, sollte man am besten vorbeugend arbeiten. Manchmal ist das eine Herausforderung, wenn die Katze beispielsweise weniger soziale Gene hat oder als Junges nicht ausreichend sozialisiert wurde (siehe Kapitel „Geborgenes Aufwachsen", S. 127.) Die Tierärztinnen Melissa Bain und Elizabeth Stelow aus Kalifornien haben eine Checkliste mit nützlichen Methoden zusammengestellt, die Katzenbesitzer anwenden können, um das aggressive Verhalten zu mindern.

Katzen sind sehr viel häufiger gegen andere Katzen aggressiv sind als gegen Menschen. Unter Katzen geht es meistens da-

METHODEN, UM DIE AGGRESSIVITÄT DER KATZE GEGENÜBER MENSCHEN ZU MINDERN

Pflege
- Bereichere das Zuhause mit Höhlen, hoch gelegenen Rastplätzen, mehreren Futterstationen und Katzenklos.
- Spiel viel und häufig mit der Katze.
- Vermeide möglichst Situationen, die Aggressionen auslösen können.
- Ermögliche ihr Freigang.

Angewöhnen/ abgewöhnen
- Bestrafe die Katze bei unerwünschtem Verhalten nicht, sondern unterbrich sofort den Kontakt zu ihr.
- Gib der Katze bei gutem Benehmen ein Leckerli.
- Nähere dich der Katze nach und nach, solange sie keine Angst oder Aggression zeigt.
- Gewöhne die Katze daran, dass du dich ihr etwas schneller näherst.
- Wenn die Katze beim Streicheln aggressiv wird, steigere die Dauer und Intensität der Berührung nach und nach.

Körperliche Gesundheit
- Lass gesundheitliche Probleme ausschließen oder behandle sie.
- Lass die Katze kastrieren.

Medizinische Behandlung
- Pheromone
- Man kann der Katze serotoninerhöhende Antidepressiva geben.

rum, dass sie ihren Platz in der Gruppe finden müssen. Eine Katze, die mehrere Jahre allein gelebt hat, kann größere Probleme haben, eine weitere Katze im Haushalt zu akzeptieren (siehe Kapitel „Jeder für sich oder alle zusammen?", S. 23). Wichtig ist, die Katzen nach und nach miteinander bekannt zu machen und gutes Verhalten zu loben. Vergiss aber nicht, dass Katzen – und besonders Katzenjunge – miteinander im Spiel kämpfen und einander jagen. Die Intensität ist ausschlaggebend dafür, ob aus dem Spiel Ernst wird. Wenn es zu einem echten Kampf kommt, trennen die Katzen sich üblicherweise schnell voneinander, um sich in ihrer jeweiligen Ecke vom Ring wieder zu beruhigen. Das ist ein normales Verhalten. Nicht aber, wenn eine Katze signalisiert, dass sie aufgibt – zum Beispiel, indem sie sich mit nach oben gestreckten Pfoten auf den Rücken legt –, und die andere Katze ihren Angriff fortsetzt. In dieser Situation ist es sinnvoll, einzugreifen und die Katzen zu trennen.

FORSCHER ERKLÄREN: AGGRESSIVE KATZEN

- Katzenbesitzer fragen immer öfter Tierärzte um Rat, wie sie mit der Aggressivität ihrer Katze umgehen sollen.

- Aggressivität ist einer der häufigsten Gründe, warum Katzen ins Tierheim gebracht werden.

- Katzen zeigen aggressives Verhalten am häufigsten beim Spielen oder Schmusen mit dem Menschen. Oft kann die Katze auch ihre Angst nicht kontrollieren.

- Katzen, die nicht genügend beschäftigt werden, neigen eher zur Aggressivität. Einzelkatzen oder Wohnungskatzen sind eventuell unterbeschäftigt.

- Die Sozialisierung in den ersten Lebenswochen ist entscheidend dafür, ob die Katze Herausforderungen annimmt, ohne aggressiv zu werden.

- Kastration führt im Allgemeinen dazu, dass Katzen weniger aggressiv werden.

- Handle vorausschauend, um Aggressivität bei Katzen zu vermeiden.

- Wenn ein Problem aufgetaucht ist, führe nach und nach das Element oder Verhalten wieder ein, das den Angriff der Katze ausgelöst hat. Belohne sie häufig und bestrafe sie nicht.

Das Tierheim

WÄHREND SICH IMMER MEHR Menschen in der westlichen Welt Katzen anschaffen, steigt parallel auch die Anzahl der Katzen, die im Tierheim abgegeben werden. Sie haben häufig eine lange Geschichte. Einige dienten den Sommer über als Gesellschaft für die Kinder, die auf dem Land Urlaub machten, und wurden zurückgelassen, als die Familie in die Stadt zurückkehrte. Andere werden vor dem Urlaub ausgesetzt, weil die Besitzer keinen Katzensitter finden oder sich die Katzenpension nicht leisten können. Viele werden ins Tierheim gebracht, weil ein Familienmitglied eine Katzenhaarallergie entwickelt hat. Außerdem kommen viele Katzen wegen Verhaltensproblemen ins Tierheim: weil sie vielleicht übertrieben aggressiv sind oder im Haus urinieren. Welche Ursache auch zugrunde liegt – Freiwilligenorganisationen auf der ganzen Welt leisten Unglaubliches, um neue Besitzer für diese Katzen zu finden.

Es gibt wenige genaue Angaben darüber, wie viele Katzen ins Tierheim kommen. In den USA schätzt man, dass es jährlich Millionen sind. In den Niederlanden leben insgesamt drei Millionen Katzen, und allein die Tierschutzorganisation De Dierenbescherming nimmt jährlich etwa 35 000 Katzen zur Weitervermittlung auf. In einer Untersuchung von 2006 fanden Per Eriksson und Kollegen heraus, dass die 62 Tierheime für Katzen in Schweden jährlich schätzungsweise 7400 Katzen aufnahmen. Im selben Jahr schätzte das statistische Zentralamt, dass in Schweden 1 256 000 Katzen lebten. Grob geschätzt kommen also zwischen 0,5 und 1,5 Prozent der schwedischen und niederländischen Katzen jährlich ins Tierheim.

Wie geht es den Katzen dort? Ist es weniger stressig, wenn sie allein untergebracht sind, als zu zweit oder mit mehreren Artgenossen in einem Gehege oder Zimmer zu leben? Spielt es eine Rolle, ob die Katzen vorher in einem Mehrkatzenhaushalt gewohnt haben oder nicht? Beeinflussen Geschlecht und Alter, wie sie sich fühlen? Und wie groß ist die Fläche, die jede Katze braucht? Gibt es Spielzeuge oder Aktivitäten, die den Stress der Katze mindern? Die Antworten auf diese Fragen sind interessant, um das Verhalten der Katze zu verstehen, aber sie sind auch relevant, wenn es um die Richtlinien geht, wie Tierheime für Katzen am besten geführt werden sollen. Forscher können das Stresslevel von Katzen auf zwei unterschiedliche Arten bestimmen: indem sie das Stresshormon Cortisol im Katzenurin messen sowie durch Verhaltensstudien anhand des Cat-Stress-Score, der eigens zu diesem Zweck entwickelt wurde. Man beobachtet das Verhalten der Katze und bewertet es von 1 bis 7, wobei 1 für eine entspannte und 7 für eine panische Katze steht.

Ein amerikanisches Forscherteam unter der Leitung von Heidi Broadley hat untersucht, ob Katzen, die vorher einzeln gehalten wurden, im Tierheim gestresster sind als Katzen aus Mehrkatzenhaushalten. Es war kein Unterschied feststellbar; alle Katzen waren in den ersten drei Tagen nach ihrer Ankunft im Tierheim sehr gestresst. Diese Verhaltensstudie bestätigt das Ergebnis anderer Untersuchungen, bei denen man die Cortisolmenge im Urin gemessen hat: In den ersten drei Tagen sind die Katzen sehr nervös und angespannt, aber danach beruhigen die meisten sich und erreichen ein normales Stresslevel. Bis die Katzen jedoch ihre neue Situation akzeptieren, vergehen mehrere Wochen, in einigen Fällen sogar Monate.

Aus nachvollziehbaren Gründen werden Katzenjunge, die verspielt und charmant sind, oft zuerst adoptiert. Je länger eine Katze im Tierheim lebt, desto größer ist das Risiko, niemals adoptiert zu werden. In einer Untersuchung eines portugiesischen Tierheims fanden Kelly Gouveia und Kollegen heraus, dass Katzen, die länger als sieben Jahre im Tierheim lebten, weniger aktiv waren und weniger fraßen, aber häufiger in Kämpfe verwickelt waren als Katzen, die eine kürzere Zeit dort waren. Die Chance auf Adoption liegt für einen alten Haudegen etwa bei Null. Viele dieser Katzen werden am Ende auch leichter anfällig für Krankheiten. Es liegt auf der Hand, dass eine frühe Adoption das A und O für das Wohlbefinden der Katze ist.

Laut Mikel Delgado und Kollegen ist die Persönlichkeit der Katze für eine Adoption wichtiger als ihr Aussehen. Aber dennoch bewies eine amerikanische Untersuchung, dass weiße Katzen dreimal so oft und graue Katzen doppelt so oft adoptiert werden wie schwarze. Etwa 13 Prozent der für die Studie befragten Amerikaner glaubten daran, dass schwarze Katzen Unglück bringen, wenn sie den Weg kreuzen und man dann nicht dreimal über die Schulter spuckt. Offenbar bringt der Aberglaube, der schwarze Katzen umgibt, ihnen selbst am meisten Unglück. Interessanterweise zeigten Elizabeth Stelow und Kollegen 2015, dass einfarbig schwarze Weibchen eine positivere Persönlichkeit haben – das heißt, ruhiger und weniger aggressiv sind – als gefleckte schwarzweiße oder grauweiße Weibchen. Warum das so ist, kann die Wissenschaft bisher nicht erklären. Jedenfalls sollten schwarze Katzen nicht seltener adoptiert werden als andere.

In den meisten Tierheimen leben Katzen in Gruppen in verschiedenen Räumen. Die typische Gruppengröße bei einer Untersuchung schwedischer Tierheime lag bei drei bis fünf Katzen. Beeinflusst die Gruppenhaltung das Wohl der Tiere? Die schwedische Gesetzgebung legt fest, dass jede einzelne Katze mindestens zwei Quadratmeter für sich haben muss. Bis 2013 war nur ein Quadratmeter pro Katze vorgeschrieben. Jenny Loberg und Frida Lundmark von der Universität für Agrarwissen-

schaften in Uppsala beobachteten vor Kurzem das Verhalten von Katzen, die Zugang zu unterschiedlich großen Flächen hatten. Die Forscherinnen verglichen die Menge der aggressiven und freundschaftlichen Verhaltensweisen von sechs verschiedenen Gruppen mit 14 bis 15 erwachsenen Katzen. Die zur Verfügung stehenden Flächen waren ein, zwei und vier Quadratmeter groß. Das Ergebnis war deutlich: Die Größe spielte keine Rolle, viel wichtiger war die Zusammensetzung der Katzenindividuen im Raum. Darüber, welche Katzen zusammenpassen, kann man jedoch kaum eine generelle Aussage machen. Wie die Katze den Aufenthalt im Tierheim übersteht, scheint bei kastrierten Tieren zudem nicht vom Geschlecht abhängig zu sein.

Da Katzen im Tierheim selten oder nie nach draußen können, ist es wichtig, ihnen Zugang zu vielen unterschiedlichen Spielsachen und Aktivitäten zu ermöglichen, damit sie sich auspowern und ihr Stresslevel senken können. Ein zu hohes Stresslevel über einen zu langen Zeitraum erhöht das Risiko für ansteckende Krankheiten, die sich dann wie eine Epidemie im Tierheim ausbreiten können. Darum sollte man die Bedeutung von Spielsachen nicht unterschätzen, vor allem in den ersten Wochen im Tierheim, wenn die Katzen extrem gestresst sind. Niederländische Wissenschaftler der Universität in Utrecht haben eine Lösung gefunden, die alle Tierheime freuen wird, die mit einem sehr begrenzten Budget arbeiten: Ein einfacher Pappkarton für neu angekommene Katzen reicht, um ihr Stresslevel deutlich zu senken. Das konnten die Forscher konstatieren, nachdem sie zehn Katzen Zugang zu einem Pappkarton mit den Maßen 39 x 30 x 26 cm und Eingängen auf zwei Seiten gewährt hatten. Das Verhalten der Katzen wurde mit dem Cat-Stress-Score gemessen und mit einer Kontrollgruppe aus zehn weiteren Katzen ohne Zugang zu einem Pappkarton verglichen. Schon nach einem Tag waren die Katzen mit Pappkarton weniger gestresst. Dieser Effekt hielt bis zu Tag 14, an dem es keinen

Unterschied mehr zwischen den Gruppen gab. In früheren Untersuchungen hat man gesehen, dass Katzen, die keinen Karton hatten, das Katzenklo umzudrehen versuchten, um sich ein Versteck zu schaffen.

Warum Katzen Kartons lieben, wissen wir nicht genau. Vielleicht fliehen sie vor Problemen lieber in einen Karton, statt der Realität ins Auge zu sehen. Oder sie möchten sich auf die Lauer legen, falls eine potenzielle Beute vorbeikommt. Kartons werden außerdem schneller warm als große Zimmer. Menschenwohnungen sind im Allgemeinen zu kalt für Katzen. Der Mensch fühlt sich bei einer Temperatur von etwa 20 Grad am wohlsten. In dieser sogenannten thermoneutralen Zone geht keine Energie fürs Aufwärmen oder Abkühlen verloren. Die thermoneutrale Zone der Katze liegt sehr viel höher, bei 30 bis 36 Grad. Eine Decke oder ein Handtuch im Karton kann es daher wärmer und angenehmer für die Katze machen.

FORSCHER ERKLÄREN: DAS TIERHEIM

🐾 Immer mehr Katzen werden ins Tierheim gebracht. In Schweden trifft rund 7000 Katzen pro Jahr dieses Schicksal, in den Niederlanden mindestens 35 000 und in den USA Millionen.

🐾 In den ersten drei Tagen im Tierheim sind alle Katzen gestresst, unabhängig von ihrem Hintergrund und Geschlecht. Ab Tag vier sind sie weniger verschreckt.

🐾 Einen Pappkarton ins Gehege zu stellen, gern mit einem Handtuch oder einer Decke, macht es für die Katzen leichter, sich zu akklimatisieren. Der Karton sorgt dafür, dass die Katze sich sicherer fühlt und sich leichter warm halten kann.

🐾 Eine schnelle Adoption ist entscheidend für das langfristige Wohlbefinden der Katze.

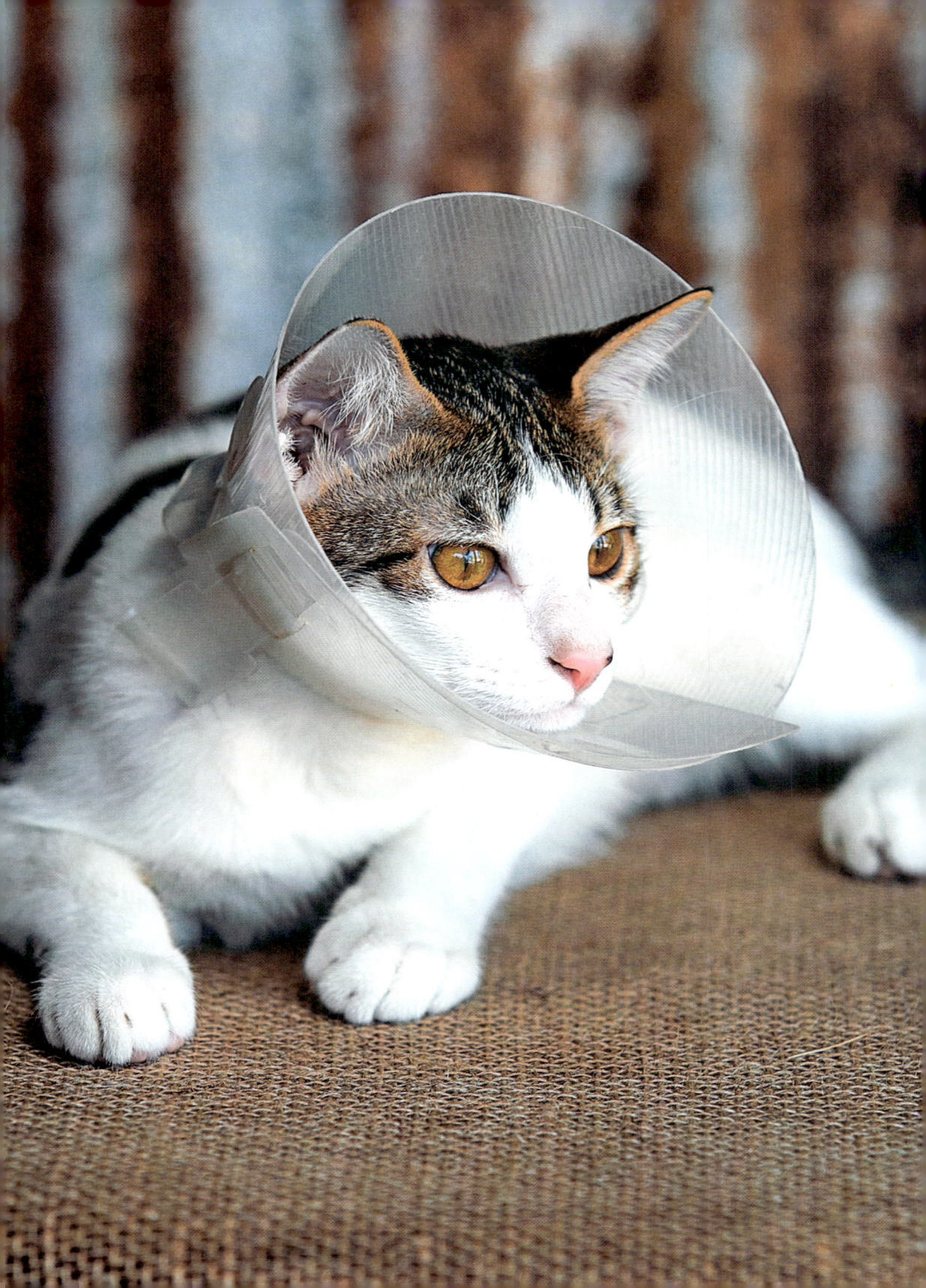

Die Katze ist krank

WENN ÄRZTE IHRE VISITE MACHEN, lautet die erste Frage an die Patienten immer: „Wie geht's uns denn heute?" Leider können Tierärzte ihren Patienten nicht dieselbe Frage stellen. Wie kann man dann herausfinden, ob Katzen nach einer Operation oder einer anderen Behandlung Schmerzen haben?

In einer Studie unter der Leitung von Juliana Brondani aus Brasilien bekam eine Katzengruppe nach der Operation Placebos, drei andere Gruppen bekamen verschiedene schmerzlindernde Präparate. Die Tierärzte beschrieben dann die Reaktionen der Katzen, wenn die Operationswunde und der Bauch mit den Händen untersucht wurden. Sie verglichen auch das Verhalten der Katzen vor und nach der Operation. Wenn eine vorher aktive Katze sich nach der Operation zurückzieht und sich nicht bewegen will, ist dies ein deutliches Zeichen dafür, dass sie Schmerzen hat. Außerdem maßen die Tierärzte Blutdruck und Puls der Katze. Diese Komponenten ergaben zusammen eine gute Beschreibung des Schmerzes der Katzen, der auch jeweils mit der Dosierung ihres Schmerzmittels übereinstimmte.

Auch wenn dieses Buch versucht, gemeinsame Züge im Verhalten der Katzen zu finden, ist es doch erstaunlich, was für Individualisten sie sind. Katzen haben unterschiedliche Persönlichkeiten, was auch Einfluss darauf haben könnte, wie sehr sie ein Besuch beim Tierarzt stresst. Der Stress wiederum kann Einfluss auf ihr Schmerzempfinden und ihre Regenerationsfähigkeit haben. Ausgehend von einem eigens angefertigten Protokoll beschrieb der südafrikanische Tierarzt Gareth Zeiler das Temperament von 35 Katzen, die zur Kastration in die Tierklinik kamen. Er legte fünf verschiedene Persönlichkeitstypen fest: freundlich und offen, freundlich und schüchtern, zurückgezogen und abgeneigt, zurückgezogen und aggressiv, und schließlich offen aggressiv. Bei der letztgenannten Gruppe ist es im Grunde unmöglich, den Schmerz zu bestimmen. Nur bei der ersten Gruppe mit freundlichen und offenen Katzen kann ein Tierarzt den von der Katze erlebten Schmerz sicher bestimmen. Bei den übrigen Gruppen besteht das Risiko, dass die Katzen ihren echten Schmerz verstecken. Gareth Zeiler fand heraus, dass die meisten Katzen weniger gestresst waren, nachdem sie drei Tage in der Tierklinik verbracht hatten. Interessanterweise liegt das gleiche Ergebnis bei Katzen im Tierheim vor (siehe Kapitel „Das Tierheim", S. 141). Katzen scheinen stets nach drei bis vier Tagen in neue, unbekannte Situationen hineinzufinden.

Der Persönlichkeitstyp und das Temperament einer Katze können auch das Risiko beeinflussen, ob eine Katze überhaupt erkrankt. Katzen können als proaktiv bezeichnet werden, wenn sie eine neue Situation schnell zu ihrem Vorteil nutzen – oft durch das aggressive Ausspielen anderer Katzen. Reaktive Katzen sind in neuen Situationen hingegen vorsichtig und warten die Reaktion ihrer Artgenossen ab. Bei verwilderten Katzen in Rom zeigten Eugenia Natoli und Kollegen, dass proaktive Männchen mehr Nachwuchs zeugen, aber da diese Männchen öfter in Kämpfe verwickelt sind, bekommen sie häufiger Katzen-Aids. Sie müssen also einen hohen Preis für ihren Lebensstil bezahlen. Glücklicherweise überträgt sich das Virus nicht von den Eltern auf die Jungen.

Kater sind eher in Verkehrsunfälle verwickelt als Weibchen. Laut einer englischen Studie haben Männchen ein doppelt so hohes Risiko wie Weibchen, überfahren zu werden. Männchen haben größere Heimbereiche und überqueren wahrscheinlich mehr Straßen. Oder ihr Persönlichkeitstyp ist so beschaffen, dass sie sich eher Risiken aussetzen als Weibchen. Je älter Kat-

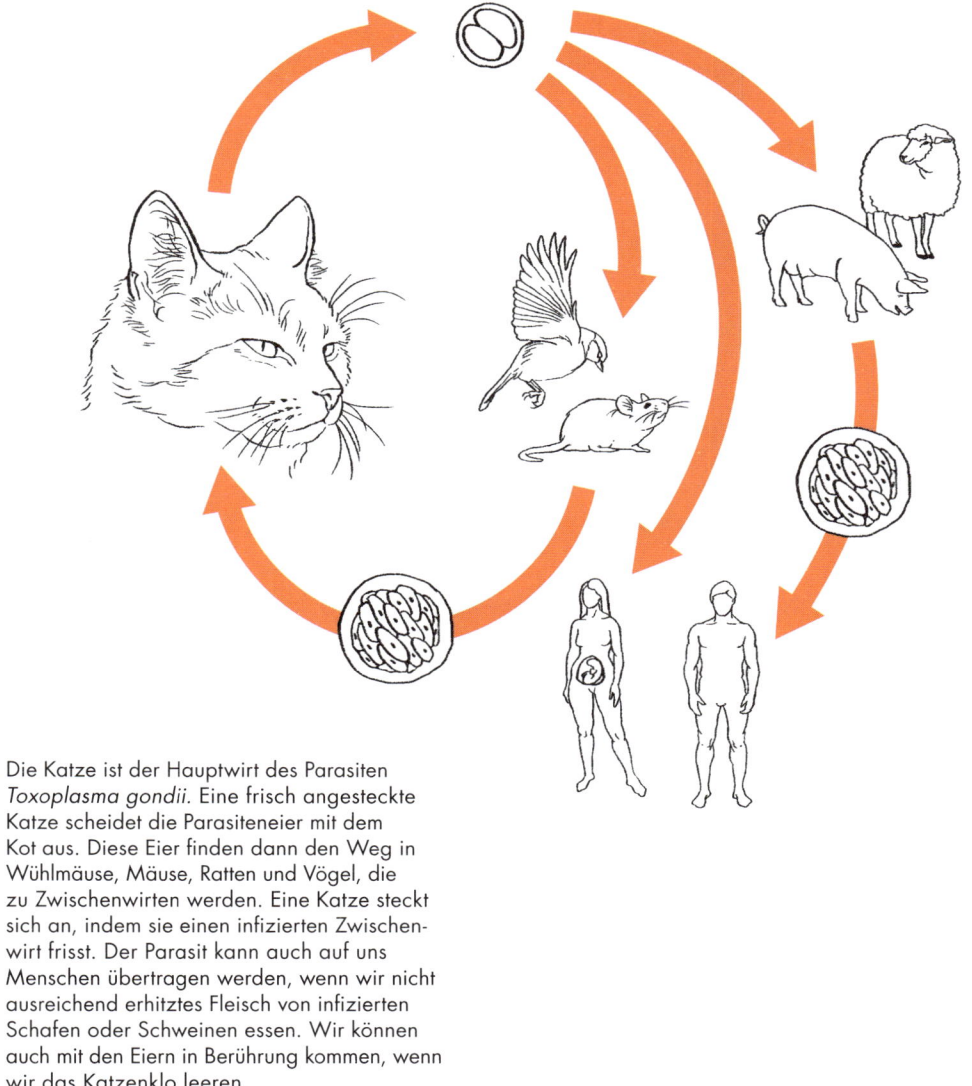

Die Katze ist der Hauptwirt des Parasiten
Toxoplasma gondii. Eine frisch angesteckte
Katze scheidet die Parasiteneier mit dem
Kot aus. Diese Eier finden dann den Weg in
Wühlmäuse, Mäuse, Ratten und Vögel, die
zu Zwischenwirten werden. Eine Katze steckt
sich an, indem sie einen infizierten Zwischen-
wirt frisst. Der Parasit kann auch auf uns
Menschen übertragen werden, wenn wir nicht
ausreichend erhitztes Fleisch von infizierten
Schafen oder Schweinen essen. Wir können
auch mit den Eiern in Berührung kommen, wenn
wir das Katzenklo leeren.

zen werden, desto schlauer werden sie – das Risiko eines Ver-
kehrsunfalls verringert sich um 16 Prozent pro Lebensjahr. Haben sie einen Verkehrsunfall überlebt, werden Katzen nervöser
und vermeiden Straßen im Allgemeinen.

Eine Krankheit, die in den letzten Jahren viel Aufmerksamkeit erregt hat, ist die Toxoplasmose, die von dem einzelligen

Parasiten *Toxoplasma gondii* verursacht wird. Dieser Parasit kann von der Katze auf den Menschen übergehen. Wie die Tollwut und die Papageienkrankheit ist die Toxoplasmose ein Beispiel für eine sogenannte Zoonose; eine Krankheit, die von Tier auf Mensch übertragen werden kann. Die Katze ist Hauptwirt des Parasiten, weist aber selbst nur selten Krankheitssymptome auf. Ein großer Anteil gesunder Katzen hat Antikörper gegen den Parasiten im Blut, was beweist, dass sie schon einmal infiziert waren und nun immun sind. In der Gegend um Uppsala fanden schwedische Tierärzte bei 42 Prozent aller untersuchten Katzen Antikörper gegen den Parasiten. Katzen stecken sich normalerweise an, wenn sie infizierte Kleinnager oder Singvögel fressen. Sie können den Erreger ihrerseits über den Kot auf den Menschen übertragen. Es sollte jedoch unterstrichen werden, dass es keinen eindeutigen Zusammenhang zwischen dem Katzenbesitz und der Toxoplasmose beim Menschen gibt. Die Infektion geschieht am häufigsten durch den Verzehr von Schaf- oder Schweinefleisch, das nicht ausreichend erhitzt worden ist. Die meisten Menschen, die von dem Parasiten heimgesucht werden, entwickeln keine Symptome. Aber da die Toxoplasmose für den Fötus gefährlich werden kann, sollten schwangere Frauen nicht das Katzenklo säubern und sich zum Beispiel bei der Gartenarbeit vor Katzenkot schützen.

In einer vor Kurzem in der Zeitschrift *Brain, Behavior, and Immunity* veröffentlichten Studie wurde geschätzt, dass etwa 30 Prozent der Menschen weltweit mit Toxoplasmose infiziert sind und keine Symptome zeigen. Aber neuerdings hat man als heimtückische Folge Zysten voller Parasiten im Gehirn gefunden. Die Krankheit mindert bei Ratten die Angst vor Katzen, sie werden sogar von Katzenurin angezogen. Mit anderen

Worten beeinträchtigt der Parasit das Verhalten des Zwischenwirts Ratte, sodass er leichter von einer Katze gefressen wird. Damit gelangt der Parasit zum Hauptwirt Katze, wo er sich vermehren kann. Bei den Menschen vermutet man nun, die Toxoplasmose könnte Grund für Persönlichkeitsveränderungen wie Aggressionen, Depressionen und ein erhöhtes Suizidrisiko sein. Wissenschaftler haben sogar einen Zusammenhang zwischen Toxoplasmose und einer verminderten Reaktions- und Konzentrationsfähigkeit entdeckt. Das würde erklären, warum infizierte Personen mit größerer Wahrscheinlichkeit in Verkehrsunfälle verwickelt sind.

FORSCHER ERKLÄREN: DIE KATZE IST KRANK

- Das Schmerzempfinden einer Katze lässt sich durch eine Kombination aus Blutdruckmessung und Verhaltensstudien bestimmen.

- Stark gestresste Katzen verstecken wahrscheinlich ihren echten Schmerz.

- Nach etwa drei Tagen sind in die Tierklinik aufgenommene Katzen dort weniger gestresst.

- Kater sind öfter in Verkehrsunfälle verwickelt und haben öfter Krankheiten wie Katzen-Aids als Weibchen.

- Die Katze ist der Hauptwirt für den einzelligen Parasiten *Toxoplasma gondii*, und ein Großteil der Katzen ist oder war von ihm befallen. Die Krankheit Toxoplasmose kann über Katzenkot auf den Menschen übertragen werden.

- In den meisten Fällen ist die Krankheit ungefährlich. Schwangere Frauen sollten jedoch das Leeren von Katzenklos vermeiden.

DIE KATZE
UND
DER MENSCH

Wenn eine Katze bei dir einzieht, verändert sich dein Leben für immer. Forscher haben bewiesen, dass Kinder, die mit Haustieren aufwachsen, eine bessere Körpersprache und ein besseres Selbstwertgefühl haben. Neubesitzer werden mit verbesserter körperlicher und mentaler Gesundheit belohnt. Die Gesundheit der Katze wiederum wird von unserem Lebensstil beeinflusst. Wir haben immer weniger Zeit für Spiel und Bewegung mit der Katze, während sie tierärztlich und kulinarisch immer besser versorgt wird. In den folgenden drei Kapiteln geht es um die Beziehung zwischen Katze und Mensch sowie zwischen Katze und Hund.

Wie Hund und Katze

DEN AUSDRUCK „WIE HUND UND KATZE" haben wohl alle schon einmal gehört. Normalerweise ist damit gemeint, dass man sich nicht leiden kann oder einander an die Kehle geht. Dass Katzen und Hunde, die einander kaum kennen, schwerlich miteinander auskommen, ist wohl wahr. Aber wie ist es mit Katzen und Hunden, die unter einem Dach wohnen müssen? Können sie lernen, einander zu ertragen oder sogar zu schätzen?

In Nordamerika und vielen Ländern Europas ist die Katze inzwischen ein häufigeres Haustier als der Hund. In Europa wurden 2012 laut der European Pet Food Industry Federation insgesamt 90 Millionen Katzen und 75 Millionen Hunde gehalten. Und immer häufiger leben Hunde und Katzen unter einem Dach. Viele Menschen zögern jedoch weiterhin, beide als Haustier anzuschaffen, vielleicht einfach infolge des Ausdrucks „wie Hund und Katze".

Der Hund stammt vom Wolf *Canis lupus* ab und wurde laut archäologischen Funden vor mindestens 14 000 Jahren domestiziert. Genetischen Studien zufolge ist dies möglicherweise schon sehr viel früher geschehen, vielleicht sogar schon vor 100 000 Jahren. Die Hauskatze stammt von der Afrikanischen Wildkatze *Felis silvestris lybica* ab. Lange glaubte man, die Ägypter hätten sie vor 4000 Jahren domestiziert, aber vor Kurzem auf Zypern gemachte Funde deuten darauf hin, dass die Katze schon vor 9500 Jahren domestiziert wurde (siehe Kapitel „Mehr wild als zahm?", S. 17). Anfangs bestand die vornehmliche Rolle der Katze darin, Schädlinge wie Ratten, Mäuse und Vögel zu jagen, die auf Getreide aus waren. Im Gegenzug bekamen die Katzen ein Dach über dem Kopf und Nahrung. Anders als bei Hunden – und im Übrigen auch bei anderen Tieren wie Kühen, Pferden, Schafen und Schweinen – hat bei Katzen keine gezielte Selektion von wünschenswertem Verhalten stattgefunden. Die Katze ist sowohl vom Körper als auch vom Verhalten her weniger domestiziert oder, wenn man so will, wilder als der Hund.

Katzen und Hunde gehören zur Ordnung der Raubtiere *(Carnivora),* deren Vertreter geschickte und aggressive Jäger sind. Aber ihr Verhalten unterscheidet sich: Hunde leben und jagen in der Gruppe, während Katzen Einzeljäger sind und als unsozial gelten. Beide Arten kommunizieren über das Sehen, Riechen, Hören sowie über physischen Kontakt und haben die Fähigkeit, durch Beobachtung zu lernen. Körpersprache wird sowohl vom Hund als auch von der Katze angewendet, um unter anderem Dominanz, Aggression und Angst zu zeigen. Aber dasselbe Verhalten kann bei Hund und Katze unterschiedliche Bedeutungen haben (siehe Tabelle rechts).

Erst vor Kurzem haben zwei Forscher aus Israel das Zusammenspiel von Katzen und Hunden, die unter einem Dach wohnen, genauer untersucht. Die Forscher interviewten erst Frauchen und Herrchen, dann observierten sie systematisch, wie deren Katzen und Hunde interagierten. Nur Tiere, die älter als sechs Monate waren, durften an der Studie teilnehmen, da jüngere Tiere noch keine stabilen Verhaltensmuster entwickelt haben. Haushalte, bei denen die Tiere meistens draußen waren, nahmen ebenfalls nicht an der Studie teil. Insgesamt 154 Haushalte beantworteten 28 Fragen über den Hintergrund der Tiere (Alter, Geschlecht usw.) und deren Interaktion. Von diesen Haushalten wurden 45 zur näheren systematischen Beobachtung des Haustierverhaltens ausgewählt.

KÖRPERSPRACHE VON HUND UND KATZE

Körpersprache	Bedeutet bei der Katze	Bedeutet beim Hund
VORDERBEINE AUSSTRECKEN	Aggressiv	Freundschaftlich, Unterwerfung
AUF DEM RÜCKEN LIEGEN	Aggressiv	Unterwerfung
DEN KOPF ABWENDEN	Aggressiv, dominierend	Unterwerfung
MIT DEM SCHWANZ WEDELN	Aggressiv (ganzer Schwanz), Spiel, Jagd (nur Schwanzspitze)	Freundschaftlich, Unterwerfung

Nachdem die Katze und der Hund gefressen hatten, wurden sie am Nachmittag für drei Stunden in ein ihnen wohlbekanntes Zimmer gesperrt. Zwei Beobachter sowie Frauchen oder Herrchen waren anwesend, und das Ganze wurde auf Video festgehalten. Drei Tests, die insgesamt 20 Minuten dauerten, wurden durchgeführt: Beim Spieltest wurde ein Tennisball zwischen dem Hund und der Katze hin und her gerollt, um zu sehen, ob sie miteinander spielen oder ob einer ein dominantes oder unterwürfiges Verhalten zeigt. Beim Futtertest platzierte Frauchen oder Herrchen eine Schüssel mit Nassfutter zwischen den Tieren. Abschließend sollte Frauchen oder Herrchen mit der Hand das Spiel zwischen Hund und Katze anregen. Alle Verhaltensweisen wurden in eine von fünf Kategorien einsortiert: Dominanz, Angst/Unterwerfung, Aggression, Spiel und Versuch der Nähe. Besonders studierten die Forscher das Verhalten, in dem sich Hund und Katze unterscheiden (siehe Tabelle oben).

Die Antworten von Frauchen oder Herrchen zeigten, dass das Verhalten von Hund und Katze in weniger als einem Zehntel der Haushalte als aggressiv bewertet wurde. In einem Viertel der Haushalte verhielten Hund und Katze sich gleichgültig zu-

Die Forscher untersuchten die Beziehung zwischen Hund und Katze unter anderem mit einem Spieltest.

einander. Aber in den meisten Fällen kamen sie gut miteinander aus. Bei den verschiedenen Tests zeigten die Katzen mehr Aggression, Spiel und Angst/Unterwerfung als die Hunde. Die Hälfte der Verhaltensweisen vom Hund bestand aus dem Versuch, sich der Katze zu nähern, während die Katze überhaupt nicht an der Nähe des Hundes interessiert war.

Im nächsten Schritt untersuchten die Forscher, welche Bedeutung der Hintergrund des Haustiers für sein Verhalten hat. Unter anderem berücksichtigten sie das Geschlecht, ob eine Kastration stattgefunden hatte, ob der Hund oder die Katze zuerst im Haushalt eingezogen war und in welchem Alter sie sich kennengelernt hatten. Weibliche Katzen wiesen mehr Aggressivität gegenüber Hunden auf als Kater. Wenn die Katze vor dem Hund in den Haushalt gekommen war, wurden sie leichter Freunde als andersherum. Besonders gut funktionierte es, wenn die Katze beim ersten Treffen mit dem Hund jünger als sechs

Monate war und der Hund jünger als ein Jahr. Dann lernten sie auch deutlich besser, die Körpersprache des anderen zu lesen, insbesondere das Verhalten, das bei Hunden und Katzen unterschiedliche Bedeutung hat. Alle, die Zweifel haben, sich eine Katze anzuschaffen, weil sie schon einen Hund haben – oder andersrum –, können aufatmen. Hunde sind dafür bekannt, auch mit anderen Tierarten spielen zu können. Viele Hunde in Haushalten mit Katze lernen, sich Nase an Nase zu begrüßen wie die Katzen, statt am Hintern zu schnüffeln wie unter Hunden. Es ist nicht verwunderlich, dass ein so soziales Tier wie der Hund sich als anpassungsfähig erweist. Darum waren die Forscher überrascht, dass Hunde, die zuerst im Haushalt waren, größere Schwierigkeiten haben, sich an eine neue Katze zu gewöhnen. Hunde waren freundlicher zu den Katzen, wenn sie selbst später in den Haushalt kamen, und aggressiver, wenn sie zuerst da waren. Eine logische Erklärung dafür ist, dass Hunde psychisch und emotional mehr von Frauchen und Herrchen abhängig sind als Katzen. Ein Hund, der zuerst im Haus war, wird leichter „eifersüchtig" auf die Katze, wenn er wegen ihr weniger Aufmerksamkeit bekommt. Bei beiden Tierarten gibt es eine entscheidende Phase im jungen Alter (zwei bis neun Wochen), in der ihr Sozialverhalten geformt wird. Es liegt also auf der Hand, dass Katzen und Hunde besser miteinander auskommen, wenn sie früh miteinander bekannt gemacht werden.

Katzenartige und Hundeartige haben natürlich eine gemeinsame Vergangenheit, die bis weit vor die Domestizierung durch den Menschen zurückreicht. Ein Forscherteam unter der Leitung von Daniele Silvestro von der Universität in Göteborg zeigte vor Kurzem, dass Katzenartige im Allgemeinen effektivere Raubtiere sind als Hundeartige. Die Familie des Hundes hat ihren Ursprung vor etwa 40 Millionen Jahren in Nordamerika. Vor 22 Millionen Jahren gab es mehr als 30 Arten der Hundeartigen auf dem amerikanischen Kontinent. Die Familie der Katze hat ihren Ursprung in Asien. Als die Katzenartigen in Nordamerika einwanderten, trugen sie zum Aussterben vieler Hundeartiger bei. Heute sind nur neun Arten der Hundeartigen in Nordamerika übrig. Die Konkurrenz um eine begrenzte Menge von Beutetieren hat dafür gesorgt, dass nur die größten Hundeartigen bis heute überlebt haben.

FORSCHER ERKLÄREN: KATZE UND HUND

- Hunde und Katzen unter einem Dach können viel Spaß miteinander haben und die gegenseitige Lebensqualität verbessern.

- Hunde und Katzen können sogar lernen, die Körpersprache des anderen zu verstehen, auch wenn ein Verhalten beim Hund mitunter etwas ganz anderes bedeutet als bei der Katze.

- Hunde und Katzen kommen besser miteinander zurecht, wenn ihr erstes Treffen in jungem Alter stattfindet (Katze jünger als sechs Monate, Hund jünger als ein Jahr).

- Schaffe lieber zuerst eine Katze an. Der Hund passt sich schlechter an die geteilte Aufmerksamkeit an, wenn er vor der Katze da war.

Der Einfluss der Katze auf unsere Gesundheit

WEISST DU, WARUM DU dir eine Katze angeschafft hast? Hast du irgendwann dem Wunsch deiner Kinder nachgegeben? Oder war es eine spontane Entscheidung, als du das süße Kätzchen auf dem Bauernhof gesehen hast? Vielleicht hat die Katze dich angeschafft? Wie in der wunderbaren Geschichte „Die Katze, die kam, um zu bleiben" von Nils Uddenberg, in der sich eine herrenlose Katze völlig selbstverständlich in eine neue Familie einschleicht. Was auch immer der Grund war – du hast wahrscheinlich einen Gewinn in der Lebenslotterie gezogen. Es wird dir besser gehen, deine Lebensqualität steigt und deine Gesundheit verbessert sich. Aber wie kommt es, dass Katzen einen solchen Einfluss auf uns haben können?

Kinder, die mit Katzen aufwachsen, haben viele Vorteile in ihrer sozialen Entwicklung. Das zeigte Andrew Edney in einem Übersichtsartikel im *Journal of the Royal Society of Medicine*. Diese Kinder haben eine bessere Körpersprache, ein besseres Körpergefühl und eine höhere Sozialkompetenz als Kinder, die ohne Haustiere aufwachsen. Kinder sehen außerdem, dass Katzen dauerhaft geliebt werden, auch wenn sie von den Erwachsenen zurechtgewiesen werden. Katzen werden oft zu einem natürlichen Bestandteil der Fantasiespiele der Kinder und können sich die Geheimnisse der Kinder „anhören", ohne zu petzen. Traurige Kinder finden immer Trost bei Katzen, ohne eine Gegenleistung erbringen zu müssen. Kinder mit Haustieren werden früher mit den frohen und traurigen Seiten des Lebens konfrontiert als Kinder ohne Haustiere: Geburten und Todesfälle,

Krankheit und Genesung. Sie sind ganz einfach besser auf ein Leben als Erwachsene vorbereitet. Andrew Edney meint sogar, dass Kinder später seltener kriminell werden, wenn es ein Haustier in der Familie gibt. Das mag stimmen oder nicht, aber dass Katzen zur sozialen Entwicklung des Kindes beitragen, kann man nicht leugnen.

Wenn aus Kindern Teenager werden, haben sie keine Zeit mehr für ihre Haustiere. Eine Interviewstudie mit fast 1000 australischen Teenagern ergab, dass über 80 Prozent einen Hund oder eine Katze zu Hause hatten. Aber diese Teenager interagierten fast gar nicht mit den Tieren: Nur etwa jeden zehnten Tag und weniger als ein Prozent der wachen Zeit beschäftigten sie sich mit ihnen. Da ist es kaum verwunderlich, dass Forscher keinerlei Anzeichen für einen Einfluss der Haustiere auf das körperliche und geistige Wohlbefinden der Teenager feststellen konnten.

Untersuchungen bei erwachsenen Menschen hingegen haben immer wieder positive Effekte von Haustieren auf die körperliche und mentale Gesundheit gezeigt. Als Beispiel kann eine englische Interviewstudie angeführt werden, die von James Serpell durchgeführt wurde. Er befragte 24 Neubesitzer zu ihrer allgemeinen Gesundheit und ihrem psychischen Wohlergehen an dem Tag, an dem sie ihre erste Katze angeschafft hatten. Nach einem Monat, sechs Monaten und schließlich zehn Monaten wurden ihnen erneut dieselben Fragen gestellt. Die Katzenbesitzer hatten einen Monat nach der Anschaffung der Katze weit weniger Probleme mit ihrer allgemeinen Gesundheit. Dieser Effekt blieb nach sechs Monaten bestehen, verschwand aber nach zehn Monaten. Dass ihr Gesundheitszustand sich ihrer Wahrnehmung nach erst besserte und dann in den Normalzustand zurückkehrte, ist schwer zu erklären. Vielleicht liegt eine Art Placeboeffekt vor, das heißt, die Erwartung, sich besser zu fühlen, führte genau das herbei? Oder vielleicht wirkt sich das neue Gefühl, zum ersten Mal überhaupt Gesellschaft von einer Katze zu haben, positiv auf die Gesundheit aus?

Nicht nur das Gesundheitsgefühl wird vom Katzenbesitz beeinflusst. Bei Blutabnahmen konnten Ärzte einen niedrigeren

Blutdruck und niedrigere Cholesterinwerte bei Patienten mit Haustieren feststellen. Sogar die Chance, die Operation nach einem akuten Herzinfarkt zu überleben, steigt mit einem Haustier. Die Chance, nach der Operation noch ein Jahr zu überleben, ist am höchsten, wenn es einen Hund im Haushalt gibt. Wahrscheinlich ist der entscheidende Faktor, dass Hundebesitzer aktiver sind und längere Spaziergänge machen als Katzenbesitzer. Das hat natürlich einen positiven Einfluss auf die Gesundheit.

Wir binden uns ebenso stark an eine Katze wie an einen Hund, und für viele kann die Katze als Ersatz für menschliche Kontakte, einen Freund oder sogar eigene Kinder dienen. Wenn wir mit der Katze sprechen, benutzen wir oft eine Art Babysprache mit hoher Stimmlage und großen Gefühlen (Freude, Interesse, Verwunderung, Wut usw.). Wollen wir etwa unbewusst unserem Haustier das Sprechen beibringen? In einem Artikel der Zeitschrift *Science* berichteten Denis Burnham und Kollegen, wie zwölf Mütter die Wörter *shoe*, *sheep* und *shark* aussprachen, wenn sie mit ihrem sechs Monate alten Kind, ihrem Haustier und ihrem Partner redeten. Die Mütter sprachen in höherer Tonlage und mit stärkerem Gefühlsausdruck mit ihrem Baby oder Haustier als mit ihrem Partner. Hingegen wurde die übertriebene Betonung der Vokale ausschließlich bei Babys benutzt. Unabhängig davon, ob die Sprache Deutsch, Schwedisch, Englisch, Russisch oder Japanisch ist, betonen Eltern die Vokale, um die Sprachentwicklung der Kinder zu fördern. Forscher glauben, dass wir unsere Art zu sprechen an die Bedürfnisse des Empfängers anpassen. Wir verwenden eine höhere Tonlage und einen starken Gefühlsausdruck, damit unsere Haustiere uns besser verstehen. Aber da wir nicht erwarten, dass unsere Tiere eines Tages sprechen können, betonen wir die Vokale nicht extra.

Es gibt zwei Theorien, warum Katzen bei Menschen so beliebt sind: die Zuneigungstheorie und die Theorie der sozialen Stütze. Laut der Zuneigungstheorie kann die Katze mit einem Kind verglichen werden, und die Besitzer haben vor allem eine erziehende und beschützende Rolle. Laut der Theorie der sozialen Stütze haben Katze und Mensch ein eher ebenbürtiges Verhältnis, und die Katze fungiert als weiteres Mitglied in Frauchens oder Herrchens sozialem Netzwerk – sie kann eine Stütze sein, wenn das Leben besonders hart ist. Karin Stammbach und Dennis Turner haben diese Theorien bei einer Interviewstudie mit 370 Schweizer Frauen genauer untersucht. Es ist vielleicht nicht besonders verwunderlich, dass die Rolle der Katze auch von der Familiensituation abhängt. Je mehr Personen im Haushalt leben, desto weniger wird sich mit der Katze beschäftigt, was wiederum die Zuneigung zur Katze minderte. Aber für allein lebende Frauen funktioniert die Katze wie ein Familienmitglied, das eine emotionale Stütze ist. Hat die alleinstehende Frau ein großes soziales Netzwerk, verringert sich der Anspruch an die Katze als soziale Stütze entsprechend.

Ohne Zweifel spielt die Katze eine große Rolle in unserem Alltag. Die Unterstützung, die wir gefühlt von der Katze bekommen, sorgt dafür, dass wir Verhaltensprobleme wie übertriebenes Kratzen an den Möbeln oder das Ignorieren des Katzenklos eher hinnehmen. Die Katze hat einen unverdient schlechten Ruf als Einzelgängerin, die keine Zuneigung zeigen will. Die meisten Katzen begrüßen uns, wenn wir nach Hause kommen, wollen auf unserem Schoß liegen, wenn wir ein gutes Buch lesen oder fernsehen, geben uns Signale, wenn es Zeit zum Herumtollen oder Spielen ist, und schlafen nachts in unserem Bett. Diese Interaktionen sind auch der Hauptgrund, warum wir Katzen mögen. Im Unterschied zum Menschen stellen Katzen keine Bedingungen für ihre Zuneigung; deine Katze akzeptiert dich unabhängig von deiner Tagesform oder deinen Stimmungsschwankungen.

Du kannst auch einen Vorteil aus dem positiven Effekt der Katze ziehen, wenn du selbst keine hast. Die amerikanische

Forscherin Jessica Myrick hat über 6500 Personen interviewt, um herauszufinden, wie unsere Stimmung durch Katzenvideos beeinflusst wird. Viele von uns schieben eine nervige Aufgabe vor uns her, um stattdessen ein Katzenvideo im Internet anzusehen. Die Schuldgefühle kommen postwendend. Es zeigte sich aber, dass die Schuldgefühle vom anschließenden Glücksgefühl noch übertroffen werden. Die interviewten Personen arbeiteten nach der kurzen Unterbrechung sogar effektiver. Laut einem japanischen Forscherteam unter der Leitung von Hiroshi Nittono stieg die Konzentration und Effektivität bei der Arbeit am meisten, wenn die Versuchspersonen Bilder von Katzenjungen oder Hundewelpen ansahen. Bilder von süßen Tieren lösen positive Gefühle aus, die uns wiederum fokussierter und systematischer arbeiten lassen.

FORSCHER ERKLÄREN:
DER EINFLUSS DER KATZE
AUF UNSERE GESUNDHEIT

🐾 Kinder, die mit Katzen aufwachsen, haben eine bessere Körpersprache, ein besseres Selbstwertgefühl sowie eine höhere Sozialkompetenz als Kinder, die ohne Haustiere aufwachsen.

🐾 Erwachsene, die sich eine Katze anschaffen, erleben eine deutliche Verbesserung ihrer Gesundheit – jedenfalls in den ersten sechs Monaten.

🐾 Bei medizinischen Untersuchungen von Tierbesitzern hat man niedrigeren Blutdruck und niedrigere Cholesterinwerte nachgewiesen.

🐾 Wir verwenden oft hohe Tonlagen und einen starken Gefühlsausdruck, wenn wir mit Katzen sprechen. Diese Babysprache wenden wir an, damit wir besser verstanden werden.

🐾 Katzen schenken uns Zuneigung und sind uns soziale Stützen. Je nach Familiensituation und Größe des sozialen Netzwerks können Katzen als Familienmitglied betrachtet werden.

🐾 Hauptsächlich mögen wir Katzen, weil sie mit uns interagieren: Sie begrüßen uns bei unserer Rückkehr, spielen mit uns und schlafen bei uns.

Die Gesundheit und das Wohlbefinden der Katze

KATZENBESITZER KÖNNEN DAS Verhalten und die Körpersprache ihrer Katzen im Allgemeinen gut deuten. Wir verstehen sofort, wenn sie nach draußen, fressen oder spielen wollen. Aber wissen wir, was sie brauchen, um auf lange Sicht gesund zu bleiben und sich wohlzufühlen? Wir Menschen haben die Tendenz, unsere eigenen Gedanken und Motive auf die Katzen zu projizieren, was zu falschen Schlussfolgerungen führen kann. Anthropomorphismus – menschliche Eigenschaften auf ein Tier zu übertragen – ist ein Problem, wenn wir die Lebensqualität eines Haustiers beurteilen sollen.

Viele Tierbesitzer erzählen, dass gerade ihre Katze besonders komplexe Gefühle hat: Sie fühlt sich schuldig, nachdem sie etwas Dummes angestellt hat, oder ist stolz, nachdem sie etwas Gutes vollbracht hat. Aber sogar bei unseren engsten Verwandten, den Schimpansen, tut sich die Wissenschaft schwer damit, solche Gefühle zu beweisen. Zum Beispiel bestraft dich deine Katze nicht dafür, dass du fort warst, indem sie in deine Reisetasche pinkelt. So komplizierte Gedankengänge haben Katzen nicht. Stattdessen fühlt sie sich wahrscheinlich unwohl mit dem fremden Geruch der Tasche und will sie „neutralisieren". Eine Bestrafung kann in diesem Zusammenhang zu schlimmeren Verhaltensproblemen führen. Wir sollten vorsichtig damit sein, „schuldige" Haustiere auszuschimpfen, denn sie verstehen den Zusammenhang nicht.

In einer englischen Studie betrachteten 76 Prozent der Besitzer die Katze als ein Familienmitglied. Ein ebenso großer Anteil hielt ihre Katze für die perfekte Katze. Dass wir nur das Beste für unsere Katze wollen, ist daher oft selbstverständlich. In der Zeitschrift *Applied Animal Behaviour Science* hat Irene Rochlitz 2005 eine Liste mit den grundsätzlichsten Bedürfnissen der Katze vorgestellt, die befriedigt werden müssen, damit sie gesund bleibt und sich wohlfühlt (siehe Tabelle rechts). Diese Liste kann man gewiss noch ergänzen und verfeinern, aber wenn die Grundbedürfnisse nicht befriedigt werden, kann die Katze sich nicht harmonisch verhalten.

Die zunehmende weltweite Urbanisierung – der Zuzug vom Land in die Städte – beeinflusst das Wohlergehen der Katze. Wir Menschen wohnen auf immer kleineren Flächen und arbeiten immer länger. Wir sind vielleicht gezwungen, für die Arbeit an einen neuen Ort zu ziehen, oder machen regelmäßig lange Dienstreisen. Von den Haustieren wird Flexibilität erwartet, obwohl wir immer weniger Zeit für sie haben. Die Urbanisierung führt dazu, dass wir entweder mehr Haustiere auf einer kleineren Fläche oder weniger Haustiere pro Haushalt haben. Diese Extreme können das Wohlergehen der Katze negativ beeinflussen: In Mehrkatzenhaushalten mit wenig Platz können die Katzen einander nicht entkommen, was ein höheres Konfliktrisiko mit sich bringt. Einzelkatzen wiederum erleben nicht genügend soziale Interaktion. Ein Drittel der in Städten lebenden Katzen weisen heutzutage eine Verhaltensstörung auf. In Schweden hat die Zahl der Katzen im Großraum Stockholm in den letzten Jahren dramatisch abgenommen: von 104 Katzen pro 1000 Einwohner im Jahr 2006 auf 65 Katzen pro 1000 Einwohner im Jahr 2012. Zeitgleich ist die Anzahl der Katzen in vielen

DIE FÜNF GRUNDBEDÜRFNISSE DER KATZE

1 **Zugang zu Futter und Wasser**
Eine ausgewogene Ernährung, die den Nährbedarf der Katze in allen Lebensstadien erfüllt, ständiger Zugang zu frischem Wasser

2 **Zugang zu einem geeigneten Lebensraum**
Ausreichend Platz und Schutz vor Wind und Wetter, ausreichend hell, niedriger Geräuschpegel, sauber, entweder nur drinnen oder Möglichkeit, nach draußen zu kommen

3 **Zugang zu Gesundheitsvorsorge und Krankenpflege**
Impfung, Kastration, Kontrolle auf innerliche und äußerliche Parasiten wie Würmer und Zecken, ID-Markierung, bei Bedarf schneller Zugang zum Tierarzt

4 **Natürliches Verhalten**
Möglichkeit, allen natürlichen Verhaltensweisen nachzugehen, sowohl mit anderen Katzen als auch mit Menschen

5 **Schutz vor Angst und Unruhe**
Schutz vor Situationen, die zu Angst und Unruhe führen können

anderen Gegenden gestiegen. Die logische Erklärung hierfür ist, dass wir uns um die Gesundheit und das Wohlbefinden der Katze sorgen und uns deshalb keine Katze anschaffen, wenn wir in Großstädten und auf einer kleineren Wohnfläche leben. Sehr wenige Katzen, die in der Innenstadt wohnen, haben Freigang. Daher werden nicht alle ihre natürlichen Bedürfnisse erfüllt. Aber gleichzeitig sollte man bedenken, dass Freigang große Risiken für die Gesundheit und das Wohlbefinden der Katze birgt – genauso wie es Risiken mit sich bringt, die Katze in der Wohnung zu lassen (siehe Tabelle auf der nächsten Seite).

RISIKEN FÜR DIE GESUNDHEIT UND DAS WOHLBEFINDEN DER KATZE DRINNEN UND DRAUSSEN

Wohnungskatze	Freigänger
Felines urologisches Syndrom (FUS)	Infektionskrankheiten (Viren, Parasiten)
Zahnkrankheiten (FORL)	Verkehrsunfälle
Hyperthyreose (Schilddrüsenüberfunktion)	Andere Unfälle (zum Beispiel Sturz vom Baum)
Übergewicht	Kämpfe mit anderen Katzen
Haushaltsgefahren (zum Beispiel Unfälle, Vergiftung)	Angriffe von Hunden oder anderen Tieren
Inaktivität	Vergiftung
Verhaltensprobleme (zum Beispiel nicht das Katzenklo benutzen)	Diebstahl
Langeweile	Weglaufen

In einem Übersichtsartikel im *Journal of Veterinary Behavior* wies Ellen Jongman darauf hin, dass Wohnungskatzen Zugang zu mindestens zwei Zimmern haben sollten. Bei mehreren Katzen im Haushalt sollten die Zimmer so groß sein, dass die Tiere einen Abstand von mindestens drei Metern voneinander halten können. Die Qualität des Raumes ist jedoch wichtiger als die Wohnfläche an sich. Es sollte vertikale Strukturen zum Klettern geben, eine Möglichkeit, die Umgebung von einem erhöhten

Platz wie einem Bücherregal aus zu beobachten, mehrere verschiedene Ruhe- und Schlafplätze, Verstecke und die Möglichkeit, am Fenster zu sitzen und hinauszuschauen, ein Kratzbrett oder einen Kratzbaum, ein Katzenklo, Futter und frisches Wasser, Zugang zu Spielsachen, die das natürliche Verhalten fördern, und schließlich einen Besitzer, der mit der Katze spielt und schmust (siehe S. 174). In Mehrkatzenhaushalten sollten alle Katzen kastriert sein und die oben genannten Ansprüche sollten für jede der Katzen erfüllt sein.

Die Beliebtheit der Katze rührt daher, dass sie sich leicht an ein Leben mit uns anpassen kann. Giuseppe Piccione und Kollegen wollten untersuchen, ob auch so etwas Grundsätzliches wie der Tagesrhythmus der Katzen sich dem des Besitzers anpasst. Eine Gruppe von fünf Katzen durfte sich tagsüber frei zwischen einem großen Haus und einem umzäunten Garten bewegen, musste nachts aber draußen bleiben. Eine andere Gruppe von fünf Katzen bekam nur ein kleineres Haus zur Verfügung und durfte nur eine Stunde am Vormittag in einen ebenfalls kleineren Garten. Es zeigte sich, dass die Katzen der ersten Gruppe einen für sie natürlichen Tagesrhythmus hatten: Sie schliefen am Tag und waren die ganze Nacht aktiv. Die zweite Katzengruppe lebte fast in Symbiose mit dem Menschen und passte ihren Tagesrhythmus ganz an den des Menschen an. Ein Aktivitätshöhepunkt war bei diesen Katzen am Morgen zu beobachten, kurz bevor Frauchen oder Herrchen zur Arbeit ging, und noch einmal am Abend, wenn Frauchen oder Herrchen zurückkam.

Wartet deine Katze häufig an der Tür, wenn du abends nach Hause kommst? Kann es sein, dass sie die meiste Zeit schläft, aber genau dann aufwacht, wenn du nach Hause kommst? Mit anderen Worten – hat deine Katze hellseherische Fähigkeiten? Die Theorie über die übernatürlichen Kräfte der Katze wurde in den 1990er-Jahren äußerst populär, nachdem Rupert Shel-

Das perfekte Wohnzimmer für
Katzen, in dem sie sich ausruhen,
hinausschauen, sich verstecken,
kratzen, spielen und mit Herrchen
oder Frauchen schmusen können.

drake sein Buch „Seven Experiments That Could Change The World" („Sieben Experimente, die die Welt verändern könnten") veröffentlicht hatte, in dem er Haustieren einen siebten Sinn unterstellte. Richard Wiseman und Matthew Smith führten jedoch mehrere Experimente durch, die alle darauf hinwiesen, dass Haustiere keine hellseherischen Fähigkeiten haben. Viel wahrscheinlicher ist, dass deine Katze mehrfach am Tag zur Tür geht, aber du merkst es nur, wenn es mit deiner Rückkehr zusammenfällt.

Die Gesundheit und das Wohlbefinden der Katze werden in hohem Grad durch den Zugang zu einem guten Lebensraum beeinflusst. Aber mindestens genauso wichtig sind die sozialen Faktoren. Katzen, die in jungen Jahren sozialisiert wurden, sind dem Menschen oft zugewandt. Das Gefühlsband zwischen dir und deiner Katze wird verstärkt, wenn du täglich mit ihr sprichst, sie streichelst und mit ihr spielst. Aber die Wirkung dieser Interaktionen hängt auch von den Persönlichkeiten von Katze und Mensch ab. Manuela Wedl und ihre Kollegen in Österreich haben untersucht, wie die Art der Interaktion von Katze und Mensch sich unterschied, je nachdem, ob der Besitzer eine Frau oder ein Mann beziehungsweise ob die Katze ein Männchen oder ein Weibchen war. Es stellte sich heraus, dass das Geschlecht der Katze überhaupt keine Rolle spielte. Besitzerinnen hatten hingegen ein intensiveres Verhältnis zu ihren Katzen als Männer. Die Frauen sprachen mehr mit den Katzen und verbrachten mehr Zeit mit ihnen als die Männer. Eine bis zwei Stunden am Tag verbrachte Frauchen mit der Katze – sie fütterte sie, leerte das Katzenklo, tollte, spielte oder schmuste mit ihr. Da ist es wohl nicht weiter verwunderlich, dass die Katzen öfter den Kontakt mit der Frau suchten als mit dem Mann?

Manuela Wedls Untersuchung zeigte auch, dass die Persönlichkeit des Besitzers eine Rolle spielt. Ein neurotischer Besitzer suchte öfter Kontakt zur Katze, was dazu führte, dass die Katze eher auf Abstand ging. Die Katze hatte einen Vorteil gegenüber dem Besitzer, und so kam ein Ungleichgewicht in die Beziehung. Wenn die Katze den Kontakt zuerst suchte, dauerte die Interaktion länger; wenn Frauchen oder Herrchen den Kontakt aufnahm, ermüdete die Katze schneller. Besitzer, die keine großen Stimmungsschwankungen, sondern ein für die Katze verlässliches Verhalten zeigten, hatten ein ausgewogeneres Verhältnis zum Tier. Wenn wir in den meisten Fällen die Einladung der Katze zur Interaktion annehmen, bekommen wir im Gegenzug ihre Aufmerksamkeit, wenn wir in Spiellaune sind. Aber wenn wir die Einladungen der Katze allzu oft ablehnen, kann das zu einer Abwärtsspirale führen. Es ist alles eine Verhandlungssache. Mehr Spiel ist in der Katzenwelt nicht immer besser. Sicher werden Katzen ruhiger und haben weniger Probleme, wenn du ihnen mehr Aufmerksamkeit schenkst und tagsüber mit ihnen interagierst. Aber Katzen wollen nicht immer spielen. Allzu viel aufgezwungenes Spiel kann sie auf die Dauer verunsichern. Manchmal wird behauptet, die Bereitschaft der Katze zur Sozialisierung mit dem Menschen beruhe allein darauf, dass sie Futter haben will. Aber das ist laut Manuela Wedl absolut nicht immer das Motiv. Katzen suchen auch Kontakt zu „ihren" Menschen, weil sie zu sozialen Wesen erzogen wurden, die Spiel und Nähe brauchen.

Wir ermöglichen den Katzen immer bessere tierärztliche Versorgung und geben ihnen qualitativ immer hochwertigeres Futter, während wir immer weniger Zeit für Spiel und Bewegung haben. Tierärzte in den USA stellen zunehmend Überge-

wicht, Ängste und Zwangsstörungen bei Katzen als Folge dieses veränderten Lebensstils fest. Das deutsche Forscherteam Ellen Kienzle und Reinhold Bergler interessierte sich genauer für das Phänomen der übergewichtigen Katzen. Sie interviewten 60 Besitzer übergewichtiger Katzen – das heißt, wenn der Kater über 6 kg und das Weibchen über 5 kg wog – sowie 60 Besitzer von normalgewichtigen Katzen. Es stellte sich heraus, dass die Besitzer der übergewichtigen Katzen nicht besonders glücklich waren, ehe sie die Katze angeschafft hatten; der Grund für die Anschaffung war das Bedürfnis nach Trost und Stütze. Die Katze wurde zum Ersatz für menschliche Kontakte. Die meisten Besitzer übergewichtiger Katzen pflegten ihrer Katze beim Fressen zuzusehen, während die Besitzer der normalgewichtigen Katzen das seltener taten. Die Forscher glauben, dass die Besitzer übergewichtiger Katzen das Futter als Belohnung einsetzten und über die Nahrung mit der Katze kommunizierten. Diese Katzen bekamen auch öfter verschiedene Leckerlis und Essen vom menschlichen Teller. Normalgewichtige Katzen wurden meistens nicht mit Futter belohnt, sondern mit mehr Zeit für Spiel. Die Forscher konnten keinen Unterschied zwischen den Besitzern der zwei Gruppen feststellen, was Übergewicht, Alter, Familienstatus, Ausbildung und Einkommen anging.

Zum Schluss sollten wir noch kurz darauf eingehen, welchen Effekt die Zucht auf Gesundheit und Wohlbefinden von Rassekatzen haben kann. Die Zucht ist bei Katzen nicht so verbreitet wie bei Hunden. In Schweden sind laut statistischem Zentralamt rund neun Prozent aller Katzen Rassekatzen, während 75 bis 80 Prozent aller Hunde dem Züchterverband Svenska Kennelklubben zufolge Rassehunde sind. Rassekatzen werden durch im Vorfeld festgelegte Kriterien anhand ihres Aussehens beurteilt, und dieses Aussehen geht nicht immer Hand in Hand mit dem Wohlergehen der Katze. Wenn Perserkatzen zum Beispiel das Fressen schwerfällt, kann man sich fragen, ob das Wohlergehen der Katze an erster Stelle steht. Da die Anzahl der Zuchtmännchen bei mehreren Katzenrassen begrenzt ist, verliert sich nach und nach die genetische Vielfalt und es besteht ein größeres Risiko, dass schädliche Gene zum Tragen kommen.

FORSCHER ERKLÄREN: DAS WOHLBEFINDEN DER KATZE

- Damit die Katze eine gute Lebensqualität genießt, müssen ihre Grundbedürfnisse befriedigt werden (Futter, Wasser, gutes Umfeld, Sicherstellung von Gesundheit und Pflege, Befriedigung natürlicher Verhaltensweisen, Vermeidung von Angst und Unruhe).

- Im Zusammenhang mit der weltweit zunehmenden Urbanisierung entwickeln immer mehr Katzen Verhaltensstörungen.

- Die meisten Katzen können ihre natürlichen Bedürfnisse draußen stillen, aber dort lauern auch viele Gefahren.

- Wohnungskatzen passen ihren Tagesrhythmus dem des Menschen an.

- Frauen befassen sich intensiver als Männer mit Katzen, und Katzen suchen öfter den Kontakt zu Frauen als zu Männern.

- Wenn Menschen sich Katzen allzu oft aufdrängen, zieht die Katze sich entsprechend zurück.

- Katzen, die als Ersatz für menschliche Kontakte angeschafft werden, sind einem größeren Risiko für Übergewicht ausgesetzt.

- Weniger als zehn Prozent aller Katzen in Schweden sind Rassekatzen. Bei einigen Rassen besteht das Risiko, dass das gewünschte Aussehen nicht immer mit einem guten Gesundheitszustand einhergeht.

DIE KATZE
IN IHREM
ZUHAUSE

Die Industrie hinter der Herstellung von Katzenfutter, Katzenklos, Katzenstreu und Katzenspielzeug setzt jährlich mehrere Milliarden Euro um. Aber gibt es einen wissenschaftlichen Beweis dafür, dass eine bestimmte Sorte Futter, Streu oder Spielzeug besser ist als eine andere? In den folgenden fünf Kapiteln kannst du unter anderem lernen, dass teurer nicht immer besser ist.

Wenn die Katze wählen darf

„WENN DIE KATZE SELBST WÄHLEN DARF.“ So lautete lange Zeit der Slogan am Ende eines Werbespots im schwedischen Fernsehen. Verschiedene Katzenbesitzer erzählten darin von den Vorteilen des Futters einer bekannten Marke: „Es sieht leckerer aus und riecht besser als anderes Katzenfutter!“, „Ich weiß, wie wichtig Nährstoffe für den guten Geschmack sind, und das weiß auch meine Katze.“ Man sagt, Katzenfutterhersteller haben einen Kunden mit sechs Beinen: den mit den vier Beinen, der es fressen soll, und den mit den zwei Beinen, der es auswählt. Gibt es jedoch wissenschaftliche Belege für die Wirkung von Nass- und Trockenfutter, das mit *science diet, prescription diet, veterinary formulated* und *proactive* so verlockend beschriftet ist? Was sagt die Forschung darüber, was deine Katze braucht?

Die Katzenfutterindustrie wächst stetig und setzt in Europa und den USA mehr als 10 Milliarden Euro pro Jahr um. Es mangelt wahrlich nicht an wissenschaftlichen Studien darüber, welche Art von Futter Katzen bevorzugen. So viel ist über die Jahre geschrieben worden, dass es mehrere Übersichtsartikel gibt. Die umfassendste Übersicht wurde 1984 in der Zeitschrift *Annual Review of Nutrition* publiziert, in der M. L. MacDonald und Kollegen die Ergebnisse von mehr als 250 Artikeln zusammenfassten. Aus diesem Wissenspool geht hervor, dass die Katze ein ausgeprägtes Raubtier ist, das ausschließlich nach Fleisch verlangt. Im Gegensatz zum Hund – und obwohl beide zur Ordnung der Raubtiere (Carnivora) gehören – braucht sie keinen Reis und kein Gemüse. Ein ausschließlicher Fleischfresser wie die Katze braucht vor allem ausreichend Protein in guter Qualität, am besten in Form von Muskelfleisch. Besonders wichtig ist das für Katzenjunge, die fast doppelt so viele Protein wie erwachsene Katzen benötigen.

Wildkatzen – die lebende Beute fangen – nehmen überhaupt keine Kohlenhydrate zu sich. Hauskatzen haben ebenfalls keinen Bedarf an Futter, dem Kohlenhydrate in Form von Reis, Erbsen oder Getreide zugesetzt wurde. Mehrere Studien zeigen jedoch, dass erwachsene Katzen in gewissem Maß die meisten Kohlenhydrate verarbeiten können. Aber da die Aktivität der Zucker verarbeitenden Enzyme in der Leber sehr niedrig ist – anders als beim Allesfresser wie dem Hund –, vermeidet die Katze zuckerhaltiges Futter. Hingegen ist die Aminosäure Taurin sehr wichtig für die Katze. Sie wird vor allem für das Sehen, die Herztätigkeit und die Fortpflanzung gebraucht. Katzen können nicht zu viel Taurin über das Futter aufnehmen.

Katzen mögen und benötigen eine gewisse Menge Fett im Futter. In einem Experiment zogen Katzen Futter mit 25 Prozent solchem mit zehn und 50 Prozent Fettgehalt vor. Vielleicht hängt dieses Ergebnis mehr mit der Konsistenz des Futters zusammen als mit dem Geschmack: Bei zu niedrigem Fettgehalt ist das Futter trocken, bei zu hohem ist es ölig. Aktive Katzen, die draußen sein dürfen, brauchen eher ein Futter mit hohem Fettgehalt. Eine sterilisierte Wohnungskatze hat hingegen einen niedrigeren Grundumsatz und sollte kein Futter mit einem höheren Fettgehalt als zehn Prozent fressen.

Eine Wildkatze hat einen höheren Energiebedarf als eine Hauskatze und muss 360 Kilokalorien am Tag zu sich nehmen. Das entspricht acht bis zwölf Mäusen. Je mehr Mühe es die Wildkatze kostet, eine Maus zu fangen, desto stärker konzentriert sie sich auf das Fangen größerer Beute. Wildkatzen fressen kein Aas, sondern bevorzugen frisches Fleisch. Sie sind Opportunisten und können mitten beim Fressen jagen gehen, wenn sich eine neue Beute auftut. Hauskatzen haben oft rund um die Uhr Zugang zu Trockenfutter und fressen deshalb häufig kleine Portionen. Normalerweise frisst eine Katze zwölf- bis 20-mal im Verlauf von 24 Stunden, wobei sich die Frequenz tagsüber nicht erhöht.

Eine Katze, die nach Belieben fressen kann und nicht genug Bewegung bekommt, riskiert Übergewicht. Wie bei den Menschen in großen Teilen der westlichen Welt ist der Anteil der übergewichtigen oder fettleibigen Katzen seit den 1970er-Jahren dramatisch gestiegen. In Schweden sind Schätzungen zufolge heutzutage 20 bis 40 Prozent aller Katzen übergewichtig, in Deutschland sogar 50 Prozent. Da allzu dicke Katzen zum Beispiel Diabetes bekommen können und Gelenke, Herz und Lungen einer größeren Belastung ausgesetzt sind, haben sich Forscher intensiv mit möglichen Diäten auseinandergesetzt.

Eins der entsprechenden Experimente wurde von Jon Ramsey und Kollegen durchgeführt. Die Ergebnisse wurden im *American Journal of Veterinary Research* veröffentlicht. Die Frage war, ob man das Gewicht fettleibiger Katzen reduzieren kann, indem man ihnen Nass- statt Trockenfutter gibt. Drei Wochen lang bekamen fünf fettleibige Katzen Nassfutter einer bestimmten Marke. Fünf weitere Katzen bekamen das gleiche Nassfutter, nur in gefriergetrockneter Form. Es folgte eine Pause von drei Wochen, in der alle normales Trockenfutter bekamen. Dann wurde das Experiment wiederholt. Diesmal bekamen die anderen Katzen das gefriergetrocknete Futter. Zweimal pro Tag erneuerten die Forscher das Futter, sodass alle Katzen jederzeit Zugang zu frischem Futter hatten. Obwohl die Studie nur eine kurze Weile andauerte, war das Ergebnis deutlich: Eine reine Ernährung mit Nassfutter führt zu einer Gewichtsabnahme. Die Katzen mochten das

Nassfutter auch lieber als die gefriergetrocknete Variante. Aber da Trockenfutter gut gegen Zahnausfall ist – ein übliches Problem bei älteren Katzen –, sollte man bei übergewichtigen Katzen vielleicht ein qualitativ gutes Trockenfutter mit niedrigem Kaloriengehalt der reinen Ernährung mit Nassfutter vorziehen. Wer Katzen hat, weiß, dass sie beim Futter sehr wählerisch sind. Das Fressen soll Zimmertemperatur haben. Zu warmes oder zu kaltes Futter wird stehen gelassen, bis es die optimale Temperatur erreicht hat. Kleinste Unterschiede in Geruch, Geschmack, Struktur und Zusammensetzung können dazu führen, dass die Katze Futter stehen lässt, das sie sonst mit gutem Appetit frisst. Das gilt jedenfalls für Katzen, die daran gewöhnt sind, Alternativen angeboten zu bekommen. Aber ist das wählerische Verhalten vielleicht trotzdem nicht so falsch? Es hat sich gezeigt, dass Katzen schnell lernen können, Futter zu vermeiden, das giftig ist oder dem lebensnotwendige Aminosäuren oder Vitamine fehlen. Viele Katzen sind auch misstrauisch gegenüber neuen Gerichten auf dem Speiseplan. Wie einige Kleinkinder zeigt die Katze in gewissem Ausmaß etwas, das man Neophobie nennt – die Angst vor Neuem, was in diesem Fall das Futter ist. Man weiß, was man hat, aber nicht, was man bekommt …

Mehrere Forscher haben untersucht, ob Wohnungs- und Hofkatzen unterschiedliche Futterpräferenzen haben. Können individuelle Geschmacksunterschiede darauf beruhen, was sie als Junge zuerst gefressen haben? Und sind Wohnungskatzen wählerischer, da sie keine so variantenreiche Kost wie die Hofkatzen bekommen haben? In England untersuchten John Bradshaw und Kollegen, ob 28 Wohnungskatzen und 36 Hofkatzen von drei verschiedenen Höfen unterschiedliche Arten von Fressen bevorzugten. Alle Katzen durften zwischen Trockenfutter, Nassfutter mit Fisch, Nassfutter mit Fleisch, rohem Hackfleisch und gekochtem Hackfleisch wählen. Wohnungskatzen mieden rohes Hackfleisch, während Hofkatzen es verschlangen. Sie

zogen sogar das rohe Hackfleisch dem gekochten vor. Da die Wohnungskatzen in ihrem Leben noch nie mit rohem Hack in Berührung gekommen waren, lag hier ein typischer Fall von Neophobie vor. Hofkatzen sind gezwungenermaßen die größeren Opportunisten, da sie nicht so viel und so häufig Futter bekommen. Mit gutem Appetit fraßen die Hofkatzen für sie Unbekanntes wie Nassfutter mit Fleisch und mit Fisch. Sie mieden hingegen das Trockenfutter, vermutlich, weil es zu schmerzhaft zu fressen war: Die meisten Hofkatzen hatten Katzenschnupfen (felines Calicivirus) mit den entsprechenden Wunden im Mund. Die Hofkatzen zeigten also nicht die gleiche Phobie gegenüber neuen Gerichten, sondern zogen sogar das Futter vor, das ihnen noch nie angeboten worden war. Sie wählten lieber das ungewohnte Mahl als den Alltagsfraß.

John Bradshaw untersuchte auch die Futterpräferenzen verwilderter Katzen. In England schätzte man 1996, dass zwischen einer und zwei Millionen verwilderte Katzen in den städtischen Parks und an den Stadträndern lebten. Sie können sich doch kaum erlauben, wählerisch zu sein, wenn sie in den Mülltonnen nach Futter suchen, das ihre sonstige Diät aus Singvögeln, Wühlmäusen und Mäusen ergänzt? Es stellte sich heraus, dass verwilderte Katzen in verschiedenen Versuchen ungewöhnliches Futter in noch höherem Ausmaß bevorzugten als Hofkatzen. Die Forscher wissen noch nicht genau, warum das so ist. Aber die glaubhafteste Erklärung lautet, dass eine variantenreiche Ernährung eine Voraussetzung dafür ist, dass die verwilderten Katzen an alle Nährstoffe kommen. Sie können sich daher nicht erlauben, allzu wählerisch zu sein, und probieren das meiste, solange der Geruch nicht allzu abschreckend ist. Die verwöhnte Wohnungskatze rümpft die Nase bei neuem Futter, während die verwilderte Katze mit Freude alles probiert. Diese große Spannbreite im Verhalten zeigt, wie gut sich Katzen an neue Situationen anpassen.

FORSCHER ERKLÄREN: DIE FRESSGEWOHNHEITEN DER KATZE

- Die Katze ist ein ausgeprägtes Raubtier und frisst am liebsten frisches Fleisch. Das Futter sollte hochwertige Proteine und Fette enthalten. Hingegen brauchen Katzen normalerweise keine Kohlenhydrate.

- Eine Hauskatze frisst zwölf- bis 20-mal in 24 Stunden, wenn sie jederzeit Zugang zu Trockenfutter hat.

- Eine Wildkatze braucht 360 Kilokalorien am Tag, was acht bis zwölf Mäusen entspricht.

- 50 Prozent der Katzen in Deutschland sind übergewichtig. Als Diät nur mit Nassfutter zu füttern, funktioniert zwar, birgt aber das Risiko, dass Zähne und Zahnfleisch nicht richtig zum Einsatz kommen.

- Hauskatzen sind konservativ, wenn es um ihr Futter geht. Neue Sorten werden selten geschätzt. Hingegen mögen sie Abwechslung, solange das Futter ihnen bereits bekannt ist.

- Stell den Fressnapf nicht in die Nähe des Wassernapfs oder des Katzenklos.

- Hofkatzen und verwilderte Katzen fressen das meiste, vermutlich, um alle notwendigen Nährstoffe, Mineralien und Vitamine zu bekommen.

- Die meisten Trockenfutter enthalten genügend Proteine und Fette. Hingegen zeigen Tests, dass das meiste Futter keine ausreichende Menge der lebenswichtigen Aminosäure Taurin enthält.

- Trockenfutter darf sich jederzeit im Fressnapf der Katze befinden. Nassfutter ist jedoch Frischware und sollte nicht länger als eine Stunde draußen stehen. Bewahre die offene Nassfutterdose im Kühlschrank auf.

- Katzen sollen keinen rohen Fisch fressen, da er ein Enzym enthalten kann, das Vitamin B1 für den Organismus unbrauchbar macht.

Die trinkende Katze

NIMMT DIE KATZE ÜBERHAUPT WASSER AUF, wenn sie mit der Zunge schlabbert? Es sieht tatsächlich nicht besonders effektiv aus. Wir Menschen haben einen ziemlich kleinen Mund und große Wangen, sodass wir leicht einen Unterdruck erzeugen können, der das Wasser nach hinten zum Rachen führt. Im Gegensatz zu Katzen müssen wir auch nicht mit dem Mund direkt an der Wasseroberfläche trinken, sondern können das Wasser bequem aus den Händen oder aus einem Glas schlürfen. Aber wie trinken Katzen und Hunde?

Katzen und Hunde haben ein großes Maul, aber keine großen Wangen. Daher können sie nicht wie die Menschen einen Unterdruck in der Mundhöhle erzeugen. Zudem müssen sie gegen die Schwerkraft ankämpfen, wenn sie mit dem Kopf direkt über der Wasserquelle trinken. Mithilfe moderner Technik konnten Wissenschaftler nun zeigen, wie Katzen trinken. Was fürs bloße Auge nicht besonders effektiv aussieht, wird durch die Linse einer Hochgeschwindigkeitskamera betrachtet zu einem eleganten und raffinierten Manöver.

In der Zeitschrift *Science* zeigen Pedro Reis und Kollegen Schritt für Schritt, wie es funktioniert. Mit dem Kopf direkt über der Wasseroberfläche streckt die Katze ihre Zunge aus. Nur die glatte Zungenspitze wird beim Trinken verwendet, nicht der Rest der Zunge, der rau und dicht mit Widerhaken bedeckt ist. Die Zungenspitze ist nach hinten gerichtet, wenn sie auf der Wasseroberfläche ruht. Hebt die Katze die Zunge, entsteht eine Wassersäule zwischen der Oberseite der Zungenspitze und dem Wasser. Die Schwerkraft sorgt dafür, dass die

Säule dünner wird, je weiter die Zunge angehoben wird. Von dieser Säule kann die Katze nun Wasser „abbeißen". Wenn die Katze diese Prozedur drei bis sieben Mal wiederholt hat, befindet sich etwa ein Zentiliter Wasser in ihrer Mundhöhle, den sie dann schluckt. Selbstverständlich denkt die Katze nicht darüber nach, wenn sie trinkt. Diese Technik ist im Laufe der Evolution verfeinert worden.

Mit bloßem Auge kann es so aussehen, als ob Hunde auf die gleiche Weise trinken, aber die Hochgeschwindigkeitskamera zeigt deutliche Unterschiede. Die Zunge des Hundes ist nicht nach unten, sondern nach oben gebogen. Sie bildet eine Kelle, mit deren Hilfe der Hund sich das Wasser in die Mundhöhle schöpft.

Alle Katzenartigen haben die gleiche Technik wie die Hauskatze, aber je größer die Art ist, desto langsamer trinkt sie. Ein Leopard trinkt also gemächlicher als dein Stubentiger. Die anpassungsfähige Hauskatze hat gewisse Vorteile gegenüber ihren Verwandten in der Wildnis. Zum Beispiel kann sie die Schwerkraft „austricksen". Wenn Herrchen oder Frauchen das Wasser aus dem Hahn laufen lässt, braucht die Katze die Schwerkraft nicht zu besiegen, sondern bekommt das Wasser leichter in den Mund. Ob das der Grund ist, warum viele Katzen den Wasserhahn dem Wassernapf vorziehen, wissen wir noch nicht. Es kann auch daran liegen, dass Leitungswasser kühler ist, oder eventuell macht es der Katze einfach nur Spaß, aus dem Hahn zu trinken. Vielleicht wäre das mal eine Fragestellung für die Forscher?

Katzen, die vor allem Dosenfutter, Fleisch oder Fisch fressen, brauchen nicht so viel zu trinken, weil ihr Wasserbedarf zum Großteil durch ihr Futter gedeckt wird. Katzen, die überwie-

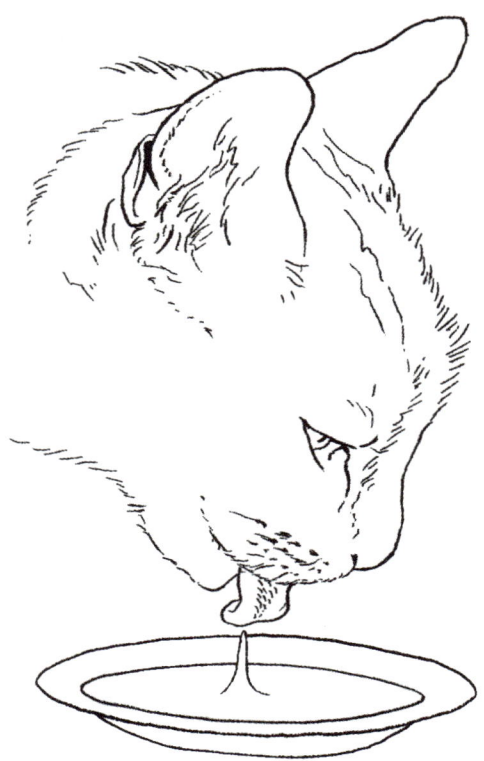

Die Zungenspitze der Katze berührt nur kurz die Wasseroberfläche und schnellt dann wieder zurück. So bildet sich eine Flüssigkeitssäule, von der die Katze Wasser „abbeißen" kann.

gend Trockenfutter bekommen, müssen umso mehr trinken. Im Normalfall trinkt die Katze so oft wie sie frisst, zehn- bis 15-mal in 24 Stunden. Die meisten Katzenbesitzer wissen, dass Katzen hohe Anforderungen an die Sauberkeit und den Geschmack des Wassers haben. Alle Katzen haben jedoch ihre Eigenheiten, und du kannst herumprobieren, wie genau deine Katze ihr Wasser gern hätte. Trinkfontänen werden von vielen Katzen geschätzt. Das sprudelnde Wasser verlockt sie dazu, öfter zu trinken. Sollte deine Katze gern aus der Toilette trinken, wenn du den Deckel zu schließen vergessen hast, oder aus dem Duschabfluss, indem sie das Sieb vom Abfluss herauspult, kannst du ihr eine alternative Wasserquelle anbieten. Stell eine große Schale mit Wasser ins Bad in die Nähe von Dusche oder Toilette.

„Bekommen Katzen Magenprobleme, wenn sie Milch oder Sahne statt Wasser trinken?" Das ist eine häufige Frage an Tierärzte. Es wird empfohlen, Katzen keine Milch zu geben. Katzen sind laktoseintolerant, ihr Verdauungssystem ist nicht auf Milch ausgelegt. Auch wenn Katzen mit Freude Milch trinken, bekommen sie später Beschwerden. Die Katze verknüpft das Unbehagen jedoch nicht mit der Milch.

FORSCHER ERKLÄREN: DAS TRINKEN DER KATZE

- Katzen können nicht wie wir Menschen Unterdruck im Mund erzeugen, stattdessen müssen sie das Wasser mit der Zunge schöpfen.

- Katzen lassen die nach unten gebogene Zungenspitze auf der Wasseroberfläche aufliegen. Es bildet sich eine Wassersäule, wenn die Katze die Zungenspitze zum Mund führt.

- Alle Katzenartigen trinken mit der gleichen Technik, aber mit unterschiedlicher Geschwindigkeit.

- Bekommen Katzen nur Trockenfutter, müssen sie zehn- bis 15-mal pro Tag trinken.

- Stell Futter- und Wassernapf nicht nebeneinander. Katzen mögen es nicht, wenn Futter in ihr Trinkwasser gelangt.

- Tausche das Wasser zweimal am Tag aus und stell mehrere unterschiedliche Wassernäpfe im Zuhause auf.

- Vermeide Plastikschüsseln, die Geschmack ans Wasser abgeben können. Nimm lieber Glas, Porzellan oder Edelstahl.

- Gib der Katze keine Milch – ihr Magen ist dafür nicht ausgelegt.

Die Katzenstreu

ES IST WIRKLICH NICHT LEICHT, sich im Katzenstreudschungel zurechtzufinden. Eine kurze Suche im Internet führt zu einem guten Dutzend Marken, die weit über 100 verschiedene Sorten anbieten. Du kannst zwischen gelber, blauer, grüner oder rosa Katzenstreu wählen. Möchtest du, dass die Streu nach Sommerwiese oder Meeresbrise duftet? Die Frage ist, ob die Katze sich für diese Farben und Düfte interessiert. Es reicht vielleicht auch aus wenn Frauchen oder Herrchen das Katzenklo täglich leert?

Alle Hersteller lobpreisen ihre eigenen Produkte, manchmal weisen sie sogar auf Tests hin, die sie durchgeführt haben. Aber man sollte ihnen kein allzu großes Vertrauen schenken. Eher sollte man sich informieren, was die Forschung über die verschiedenen Sorten Katzenstreu zu sagen hat. Debra Horwitz aus den USA führte eine interessante Studie durch, in der sie der Frage auf den Grund ging, warum manche Katzen nicht ins Katzenklo urinieren oder koten. Gut 100 solcher Katzen kamen über einen Zeitraum von zehn Jahren zu ihr in die Tierklinik. Alle waren zuvor bei anderen Tierärzten gewesen, die gesundheitliche Probleme als Ursache ausgeschlossen hatten. Frauchen und Herrchen mussten zahlreiche Fragen zur Katze beantworten: Alter, Geschlecht, Toilettenverhalten, Krankheitsgeschichte, welche Art von Katzenstreu verwendet wurde (klumpend oder nicht, parfümiert oder unparfümiert), ob das Katzenklo geschlossen oder offen war, wie oft es geleert wurde, wie viele Katzen im Haushalt lebten, wie lange die Probleme schon anhielten und ob es in letzter Zeit Veränderungen im Haushalt gegeben hatte (Umzug, Renovierung, neugeborenes Kind, neue Haustiere). Danach wurden dieselben Fragen 44 Katzenbesitzern gestellt, die nur zur Routinekontrolle bei der Tierärztin waren und bei denen die Katze keine Probleme mit dem Katzenklo hatte. Der größte Unterschied zwischen beiden Gruppen war, dass bei den Katzen mit Problemen parfümierte, nicht klumpende Streu verwendet wurde, bei den anderen hingegen unparfümierte Klumpstreu. Katzen haben sehr empfindliche Nasen und mögen offenbar nicht die gleichen Düfte wie wir Menschen. Vielleicht setzen einige Firmen Duftstoffe hinzu, um zu verschleiern, dass die Streu von schlechterer Qualität ist und den Urin nicht gut genug aufsaugt? Was auch immer der Grund sein mag, der Effekt ist derselbe: Die Katze geht nicht mehr aufs Katzenklo. Fazit der Studie war, dass Katzenstreu nicht nur unparfümiert sein sollte, sondern überhaupt so geruchlos wie möglich.

Der Einfallsreichtum in der Katzenproduktindustrie ist groß. Vor Kurzem lancierte eine amerikanische Firma ein Spray, das den Geruch von Ammoniak und verschiedenen Schwefelverbindungen neutralisieren soll, die von altem Urin im Katzenklo abgesondert werden. Nicole Cottam und Nicholas Dodman wollten untersuchen, ob dieses Spray das Katzenklo für Katzen attraktiver macht. Zuerst testeten sie zehn Katzen, die noch nie Probleme mit dem Katzenklo gehabt hatten. Bei ihnen war nach Anwendung des Sprays kein Unterschied zu merken. In der nächsten Phase wurden das Verhalten und die Anzahl der Besuche auf dem Katzenklo bei 37 Katzen untersucht, die sich manchmal außerhalb vom Katzenklo erleichterten. Hier war ein schwacher, aber deutlich positiver Effekt des Sprays zu bemerken: Die Katzen gingen öfter aufs Katzenklo und waren beim Besuch dort zufriedener. Eine zufriedene Katze lässt sich

auf dem Katzenklo Zeit. Die Katze zeigt ihre Unzufriedenheit, wenn sich beim Klobesuch nur ihr Hinterteil im Klo befindet, sie sich dort nicht hinsetzen will oder nicht über die Streu kratzt, nachdem sie ihr Geschäft erledigt hat, sondern Hals über Kopf davonläuft. Die Schlussfolgerung der Untersuchung war, dass das Spray zu funktionieren scheint. Doch es gibt eine sehr viel einfachere Methode, um schlechte Gerüche zu vermeiden: Verwende nur absorbierende Streu und entferne die Streuklumpen mindestens einmal am Tag.

Silikatstreu aus Kieselgel ist recht neu auf dem Markt und hat ein extrem hohes Absorptionsvermögen. Die Streu bildet keine Klumpen, vielmehr wechseln die Silikate, wenn sie vollgesogen sind, ihre Farbe. Dann muss man die Streu austauschen. Wenn man das Katzenklo ab und zu umschichtet, kann es reichen, die Streu einmal pro Monat zu wechseln. Wie attraktiv ist diese Variante für Katzen im Vergleich zu Klumpstreu? John Neilson gab 54 Katzen zwölf Stunden lang Zugang zu den zwei Streusorten. Sie hatten vorher noch keine Erfahrung mit Silikatstreu gemacht. Insgesamt erleichterten die Katzen sich 74-mal, nur in 20 Prozent der Fälle bevorzugten sie die Silikatstreu. Die Klumpstreu war deutlich beliebter.

Die drei Studien zeigen deutlich, dass die meisten Katzen geruchlose Klumpstreu bevorzugen. Aber das trifft eventuell nicht auf alle Katzen zu. Wenn deine Katze manchmal außerhalb des Katzenklos uriniert oder kotet, könnte es lohnenswert sein, es eine Weile mit einer anderen Streu zu versuchen. Wenn es keine Probleme gibt, gibt es keinen Grund zu wechseln. Zuallerletzt kann man manchen Katzen auch beibringen, auf die „richtige" Toilette zu gehen, um sich zu erleichtern. Dafür braucht man allerdings viel Zeit und Geduld …

FORSCHER ERKLÄREN:
DIE KATZENSTREU

- Wenn Katzen sich nicht auf dem Katzenklo erleichtern, kann falsche Katzenstreu der Grund sein.

- Klumpstreu besteht aus Naturstein namens Bentonit, der im Tagebau in Südeuropa und den USA abgebaut wird. Nicht klumpende Streu besteht entweder aus Kieselgel oder aus Pellets aus Altpapier oder Sägespänen.

- Die beste Sorte ist staub- und geruchsfreie Klumpstreu.

- Wasch das ganze Katzenklo regelmäßig mit warmem Wasser und Seife aus. Besonders wichtig ist das, wenn deine Katze das Katzenklo nicht so gerne benutzt..

- Wenn du keine Klumpstreu benutzt, solltest du das Katzenklo einmal pro Woche (Pellets) oder einmal pro Monat (Silikatstreu) leeren, auswaschen und mit neuer Streu füllen. Kot wird jeden Tag entfernt.

- Wenn du Klumpstreu benutzt, aus der du täglich Urinklumpen und Kot entfernst, reicht es, das Katzenklo alle zwei Wochen auszuwaschen und mit neuer Streu zu füllen.

- Wechsle lieber nicht die Streu, wenn die Katze damit zufrieden ist. Wenn du es doch musst, solltest du die Katze nach und nach über einen längeren Zeitraum an die neue Streu gewöhnen.

- Beobachte das Verhalten deiner Katze auf dem Katzenklo. Scheint sie nur zögerlich aufs Katzenklo zu gehen oder bleibt ihr Vorderkörper außerhalb vom Klo? Dann stimmt irgendetwas nicht.

- Wenn du Katzenjunge hast, solltest du keine allzu feinkörnige Sorte verwenden, da die Jungen die Streu manchmal fressen, was Unwohlsein zur Folge hat.

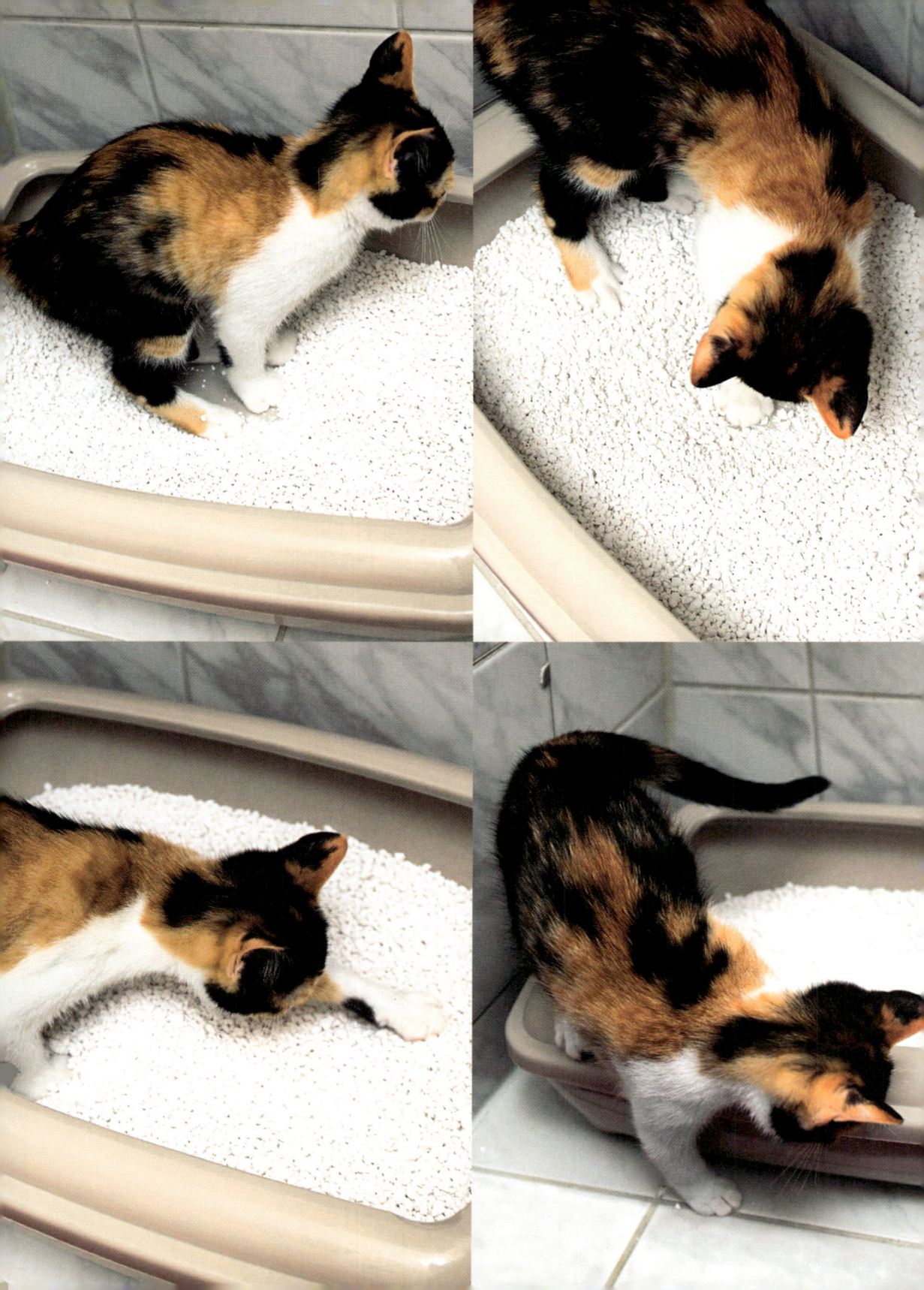

Das Katzenklo

KATZEN KOMMEN MIT AM häufigsten deswegen ins Tierheim oder werden eingeschläfert, weil sie nicht stubenrein sind. Wohnungskatzen erleichtern sich fast genauso häufig wie Freigänger: Pro Tag pinkeln sie zwei- bis dreimal und koten ein- bis zweimal. Wenn eine Katze nicht aufs Katzenklo geht, kann das gesundheitliche Ursachen haben. Aber meistens liegt es an der falschen Sorte Katzenstreu oder der Form des Katzenklos.

Viel Forschung wurde darum betrieben, welche Streu Katzen bevorzugen (siehe voriges Kapitel), aber erst vor Kurzem haben Wissenschaftler angefangen, die Bedeutung der Form vom Katzenklo zu untersuchen. In zwei Experimenten haben Forscher untersucht, ob Katzen lieber auf geschlossene Katzenklos gehen oder auf offene und ob sie größere oder kleinere Katzenklos bevorzugen.

Viele Katzenbesitzer mögen überdachte Katzenklos. Sie haben diverse Vorteile. Weniger Katzenstreu fliegt auf den Boden, der Geruch ist weniger aufdringlich und man sieht den Kot nicht. Es besteht jedoch das Risiko, dass Frauchen oder Herrchen vergisst, das geschlossene Katzenklo zu leeren – aus den Augen, aus dem Sinn … Ein nicht geleertes Katzenklo meiden Katzen eher. Darum sorgten die Forscher für die exakt gleichen Bedingungen in ihrem Experiment mit geschlossenen und offenen Katzenklos. Sie leerten sie gleich oft und verwendeten die beste Katzenstreu. Die Forscher wollten herausfinden, was die Katzen – und nicht Frauchen oder Herrchen – bevorzugten.

Insgesamt wurden 28 Katzen in 28 verschiedenen Haushalten 14 Tage lang beobachtet. Ein geschlossenes und ein offe-

Größere Katzen meiden überdachte Katzenklos oftmals. Alle Katzen ziehen größere offene Katzenklos der kleineren Variante vor.

nes Katzenklo wurden nebeneinander aufgestellt. Nach sieben Tagen tauschten sie den Platz. Urinklumpen und Kot wurden täglich eingesammelt und gewogen.

Gut die Hälfte der Katzen hatte früher einmal ein überdachtes Katzenklo gehabt. 70 Prozent zeigten eine deutliche Vorliebe für eines der beiden Katzenklos. Vier Katzen gingen fast ausschließlich auf das überdachte Katzenklo, genauso viele gingen fast ausschließlich auf das offene Katzenklo. Größere Katzen – das heißt solche, die über 6 kg wogen – mieden in größerem Ausmaß das geschlossene Katzenklo. Vielleicht ist es schwieriger für sie, ins Katzenklo zu gelangen?

Die handelsüblichen Katzenklos unterscheiden sich erstaunlich wenig in der Größe. Sie sind meistens rechteckig, wobei die lange Seite 45 bis 65 cm misst und die kurze 30 bis 45 cm. Aus rein praktischen Erwägungen sollte es nicht so viel Platz einnehmen. Was aber bevorzugt deine Katze? Im Tierheim und in Tierkliniken hat man schon öfters festgestellt, dass Katzen lieber auf größere Klos gehen. Lässt sich das verallgemeinern? Die Forscher erdachten ein Experiment, bei dem Katzen zwischen Katzenklos in normaler Größe (56 cm lang, 38 cm breit, 14 cm hoch) und in extragroß (30 cm länger, ansonsten gleich) wählen konnten.

Insgesamt wurden 72 Katzen in 43 Haushalten 28 Tage lang beobachtet. Es waren je zur Hälfte Weibchen und Männchen, alle waren kastriert. Ein normalgroßes offenes und ein extragroßes offenes Katzenklo wurden im gleichen Zimmer so weit wie möglich voneinander entfernt aufgestellt. Ansonsten blieb alles unverändert. Nach der Hälfte der Zeit wurden die Katzenklos komplett gereinigt und tauschten ihren Platz. Frauchen oder Herrchen zählte täglich beim Reinigen die Anzahl der Urin- und Kotklumpen in beiden Klos. Im größeren Klo waren es insgesamt 5031 Urin- und Kotklumpen, im normalgroßen Klo 3239. Katzen bevorzugen also eindeutig das größere Klo, wenn sie die Wahl haben.

FORSCHER ERKLÄREN: DAS KATZENKLO

- 🐾 Je größer das Klo, desto besser.

- 🐾 Geschlossen oder nicht spielt selten eine Rolle.

- 🐾 Einige Katzen haben deutliche Vorlieben. Wenn deine Katze nicht stubenrein ist, solltest du ein anderes Katzenklo testen.

- 🐾 Reinige das Katzenklo mindestens einmal täglich.

- 🐾 Verwende feinkörnige Streu, die Klumpen bildet.

- 🐾 Eine bisher nicht belegte Daumenregel besagt, dass du so viele Katzenklos wie Katzen haben solltest.

Das Spielverhalten

DU HAST BESTIMMT SCHON einmal in einem Tierpark gesehen, wie ein Leopard oder Löwe unaufhörlich hin- und herläuft. Diesem sogenannten stereotypen Verhalten versucht man in modernen Tierparks vorzubeugen, indem man die Umgebung der Tiere abwechslungsreich gestaltet. Zum Beispiel kann man das Gehege vergrößern, sodass die Tiere die Möglichkeit haben, der allgemeinen Aufmerksamkeit zu entgehen – die Tiere bestimmen, wann die Besucher sie sehen. Das Stresslevel von Großkatzen in Gefangenschaft sinkt, wenn sie ihr Futter unter mehr oder weniger natürlichen Bedingungen suchen müssen. Darum versteckt man das Fressen, das immer öfter aus ganzen Kadavern und nicht nur einem Stück Fleisch besteht. Es gibt erstaunlich wenige entsprechende Studien für Hauskatzen. Was können wir tun, damit es unseren Katzen so gut wie möglich geht? Können wir unerwünschtem Verhalten durch mehr Spiele und Spielzeug vorbeugen?

Dass wir unser Zuhause für unsere Katzen durch Spiel und Herumtollen zu bereichern versuchen, ist offensichtlich. Katzenbesitzer in den USA geben beispielsweise mehr als 1,7 Milliarden Euro jährlich für Spielsachen aus! Eine größere Studie über das Spielverhalten und das Spielzeug von Katzen wurde 2014 veröffentlicht. Beth Strickler und Elizabeth Shull interviewten dafür um die 300 Katzenbesitzer in Tennessee, USA. Sie fragten, wie oft und wie lange die Besitzer mit ihren Katzen spielten, welche Art von Spiel und welche Spielsachen sie verwendeten. Zusätzlich wollten sie untersuchen, ob durch mehr Spiel unerwünschtes Verhalten abnahm. Voraussetzung für die Teilnahme an der Stu-

SPIELZEUG
ODER AKTIVITÄT

Katzenspielzeuge oder -aktivitäten in US-amerikanischen
Haushalten. Anteil der Haushalte (in Prozent)

Spielzeugmaus	64
Spielzeugmaus mit Katzenminze	62
Ball mit Glöckchen	62
Kuscheltier	59
Kratzbrett	55
Pappkarton	50
Ball ohne Glöckchen	49
Schnur	41
Papiertüte	40
Angel mit Feder	39
Feder	33
Vögel beobachten	26
Massage	22
Versteckspiel	18
Laserpointer	14
Raschelnde Katzentüte	12
Katzengras	9
Haargummi	9
Kratzbaum	9

die war, dass bei der Katze keine Verhaltensprobleme vorlagen und sie zumindest einen Teil ihres Tages im Haus verbrachte.

Etwa gleich viele Männchen und Weibchen nahmen an der Studie teil. Die meisten waren sterilisiert, das Durchschnittsalter lag bei fünf Jahren. Zwei von drei Katzen in der Studie durften nie nach draußen. Etwa ein Drittel der Katzen waren entkrallt, das heißt, ein Tierarzt hatte die Krallen operativ entfernt – ein Eingriff, der in einigen Staaten der USA erlaubt ist, aber nicht in Deutschland oder Schweden. Im Durchschnitt standen den Katzen acht verschiedene Spielsachen oder Aktivitäten zur Verfügung (siehe Tabelle auf der vorigen Seite).

Die allermeisten Frauchen und Herrchen spielten öfter als zweimal am Tag mit der Katze, und normalerweise dauerte das Spiel jeweils fünf bis zehn Minuten. Die Weibchen zeigten deutlich weniger unerwünschtes Verhalten als die Männchen, und zwar unabhängig davon, ob sie sterilisiert waren oder nicht. Das häufigste Problem war, dass die Kater nicht ins Katzenklo pinkelten. Als die Forscher die Anzahl der unerwünschten Verhaltensweisen verglichen – Aggression gegen Besucher, Aggression gegen den Besitzer, Kämpfe mit unbekannten Katzen draußen, Kämpfe mit Katzenmitbewohnern, außerhalb des Katzenklos koten und/oder urinieren – stellte sich heraus, dass die Anzahl der Spielsachen oder Aktivitäten, zu denen die Katze Zugang hatte, keine Rolle spielte. Auch hatte es keine Bedeutung, wie oft Frauchen oder Herrchen mit der Katze spielte. Allerdings waren längere Spielzeiten ausschlaggebend, um unerwünschtes Verhalten zu verhindern. Fünf Minuten oder länger sollte jede Spielphase dauern, damit es der Katze besser geht und das unerwünschte Verhalten abnimmt. Von allen Aktivitäten und Spielsachen, die den Katzen angeboten wurden, war die Schnur die effektivste. Eine Schnur zu jagen, die über den Boden gezogen wird, oder in die Luft zu springen, um die Schnur zu fangen, scheint die meisten Katzen so zufriedenzustellen, dass sie weniger unerwünschte Verhaltensweisen zeigen.

Vielleicht hast du mal darüber nachgedacht, warum deine Katze nicht mehr mit der neuen Spielzeugmaus oder dem Ball spielt. Letzte Woche war das noch das Beste! Die Katze gewöhnt sich schnell (soll heißen: langweilt sich schnell) nach ein paar Tagen des Spielens mit dem gleichen Spielzeug. Mehrere Studien haben gezeigt, dass Katzenspielzeug nicht tagein, tagaus herumliegen sollte. Es hat sich als erfolgreich erwiesen, die Spielsachen regelmäßig nach dem Rotationsprinzip auszutauschen.

FORSCHER ERKLÄREN: DAS SPIEL DER KATZE

- Katzenweibchen weisen drinnen deutlich weniger unerwünschte Verhaltensweisen auf als Männchen.

- Das häufigste unerwünschte Verhalten ist das Urinieren außerhalb des Katzenklos und Aggressivität gegenüber dem Besitzer.

- Mit Spielen und Aufmerksamkeit kann Frauchen oder Herrchen das unerwünschte Verhalten einschränken.

- Spiele mindestens fünf Minuten täglich mit der Katze, am besten 15 bis 30 Minuten.

- Billige Spielsachen wie Schnur sind am unterhaltsamsten und effektivsten.

- Lass das Spielzeug nicht herumliegen, wenn die Katze kein Interesse mehr daran hat. Räume es lieber fort und hole es bei einer späteren Gelegenheit wieder hervor.

Quellen

ALLGEMEIN

European Pet Food Industry Federation, fediaf. 2012. Facts & Figures 2012.
Statistiska Centralbyrån. 2012. Hundar, katter och andra sällskapsdjur 2012.

EINLEITUNG

Aspenström, W. 1965. Gula tassen. En liten historia berättad och ritad för Pontus det minnesvärda året 1961, Rabén & Sjögren.
Berg, A. 2015. En tass i litteraturens tjänst. Dagens Nyheter, 21. März 2015. Auf Schwedisch hier nachzulesen: http://www.dn.se/kultur-noje/en-tass-i-litteraturens-tjanst/
Eliot, T.S. 1939. Old Possum's Book of Practical Cats.
Gosling, L. et al. 2013. What is a feral cat? Variation in definitions may be associated with different management strategies. – Journal of Feline Medicine and Surgery 15: 759–764.
Lessing, D. 2002. On Cats.
Söderström B. 2009. Snöleopard – Sällsamt möte Tsagaan i Tost. – Fauna & Flora 104: 2–11. Auf Schwedisch herunterzuladen: http://www.artdata.slu.se/FaunaochFlora/pdf/faunaochflora_2_2009_snowleopard.pdf
Söderström, B. 2012. Naturmorgon auf P1 am 25. Februar. Auf Schwedisch hier anzuhören: http://sverigesradio.se/sida/avsnitt/49754?programid=1027

DAS WILDE IM ZAHMEN

MEHR WILD ALS ZAHM?

Driscoll, C.A. et al. 2009. From wild animals to domestic pets, an evolutionary view of domestication. – Proceedings of the National Academy of Sciences of the United States of America 106: 9971–9978.
Gosling, L. et al. 2013. What is a feral cat? Variation in definitions may be associated with different management strategies. – Journal of Feline Medicine and Surgery 15: 759–764.
Grimm, D. 2014. The genes that turned wildcats into kitty cats. – Science 346: 6211.
Kurushima, J.D. et al. 2013. Variation of cats under domestication: Genetic assignment of domestic cats to breeds and worldwide random-bred populations. – Animal Genetics 44: 311–324.
Lipinski, M.J. et al. 2008. The ascent of cat breeds: Genetic evaluations of breeds and worldwide random-bred populations. – Genomics 91: 12–21.
Montague, M.J. et al. 2014. Comparative analysis of the domestic cat genome reveals genetic signatures underlying feline biology and domestication. – Proceedings of the National Academy of Sciences of the United States of America 111: 17230–17235.
Pontier, D. & Natoli E. 1999. Infanticide in rural male cats (*Felis catus L.*) as a reproductive mating tactic. – Aggressive Behavior 25: 445–499.

JEDER FÜR SICH ODER ALLE ZUSAMMEN?

Bernstein, P.L. & Strack, M. 1996. *A* game of cat and house: Spatial patterns and behavior of 14 domestic cats (*Felis catus*) in the home. – Anthrozoös 9: 25–39.

Pachel, C.L. 2014. Intercat aggression: Restoring harmony in the home. – Veterinary Clinics of North America: Small Animal Practice 44: 565–579.

Pontier, D. et al. 2000. The impact of behavioral plasticity at individual level on domestic cat population dynamics. – Ecological Modelling 133: 117–124.

Ramos, D. et al. 2013. Are cats (*Felis catus*) from multi-cat households more stressed? Evidence from assessment of fecal glucocorticoid metabolite analysis. – Physiology and Behavior 122: 72–75.

van den Bos, R. 1998. Post-conflict stress-response in confined group-living cats (*Felis silvestris catus*). – Applied Animal Behaviour Science 59: 323–330.

BESTIMMER ODER BESTIMMERIN?

Barry, K.J. & Crowell-Davis, S.L. 1999. Gender differences in the social behavior of the neutered indoor-only domestic cat. – Applied Animal Behaviour Science 64: 193–211.

Bonanni, R. et al. 2007. Feeding-order in an urban feral domestic cat colony: Relationship to dominance rank, sex and age. – Animal Behaviour 74: 1369–1379.

Moesta, A. & Crowell-Davis, S. 2011. Intercat aggression: General considerations, prevention and treatment. – Tierärztliche Praxis Kleintiere 39: 97–104.

Natoli, E. et al. 2001. Male and female agonistic and affiliative relationships in a social group of farm cats (*Felis catus L.*). – Behavioural Processes 53: 137–143.

Natoli, E. et al. 2007. Male reproductive success in a social group of urban feral cats (*Felis catus L.*). – Ethology 113: 283–289.

van den Bos, R. & de Cock Buning, T. 1994. Social behaviour of domestic cats (*Felis lybica f. catus L.*): A study of dominance in a group of female laboratory cats. – Ethology 98: 14–37.

DAS ZUHAUSE

Barratt, D.G. 1997. Home range size, habitat utilisation and movement patterns of suburban and farm cats *Felis catus.* – Ecography 20: 271–280.

Ferreira, J.P. et al. 2011. Human-related factors regulate the spatial ecology of domestic cats in sensitive areas for conservation. – PLoS ONE 6: e25970.

Hervias, S. et al. 2014. Assessing the impact of introduced cats on island biodiversity by combining dietary and movement analysis. – Journal of Zoology 292: 39–47.

Horn, J.A. et al. 2011. Home range, habitat use, and activity patterns of free-roaming domestic cats. – Journal of Wildlife Management 75: 1177–1185.

Kitts-Morgan, S.E. et al. 2015. Free-ranging farm cats: Home range size and predation on a livestock unit in northwest Georgia. – PLoS ONE 10: e0120513.

Liberg, O. 1980. Spacing patterns in a population of rural free roaming domestic cats. – Oikos 35: 336–349.

Metsers, E.M. et al. 2010. Cat-exclusion zones in rural and urban-fringe landscapes: How large would they have to be? – Wildlife Research 37: 47–56.

Recio, M.R. et al. 2014. Quantifying fine-scale resource selection by introduced feral cats to complement management decision-making in ecologically sensitive areas. – Biological Invasions 16: 1915–1927.

Thomas, R.L. et al. 2014. Ranging characteristics of the domestic cat (*Felis catus*) in an urban environment. – Urban Ecosystems 17: 911–921.

DAS RAUBTIER KATZE

Biben, M. 1979. Predation and predatory play behaviour of domestic cats. – Animal Behaviour 27: 81–94.

Bonnington, C. et al. 2013. Fearing the feline: Domestic cats reduce avian fecundity through trait-mediated indirect effects that increase nest predation by other species. – Journal of Applied Ecology 50: 15–24.

Calver, M. et al. 2007. Reducing the rate of predation on wildlife by pet cats: The efficacy and practicability of collar-mounted pounce protectors. – Biological Conservation 137: 341–348.

Hervias, S. et al. 2014. Assessing the impact of introduced cats on island biodiversity by combining dietary and movement analysis. – Journal of Zoology 292: 39–47.

Hughes, B.J. et al. 2008. Cats and seabirds: Effects of feral domestic cat *Felis silvestris catus* eradication on the population of sooty terns *Onychoprion fuscata* on Ascension Island, South Atlantic. – Ibis 150 (Suppl. 1): 122–131.

Kitts-Morgan, S.E. et al. 2015. Free-ranging farm cats: Home range size and predation on a livestock unit in northwest Georgia. – PLoS ONE 10: e0120513.

Krauze-Gryz, D. et al. 2012. Predation by domestic cats in rural areas of central Poland: An assessment based on two methods. – Journal of Zoology 288: 260–266.

Liberg, O. 1984. Food habits and prey impact by feral and house-based domestic cats in a rural area in southern Sweden. – Journal of Mammology 65: 424–432.

Loss, S.R. et al. 2013. The impact of free-ranging domestic cats on wildlife of the United States. – Nature Communications 4: 1396.

Loyd, K.A.T. et al. 2013. Quantifying free-roaming domestic cat predation using animal-borne video cameras. – Biological Conservation 160: 183–189.

Recio, M.R. et al. 2014. Quantifying fine-scale resource selection by introduced feral cats to complement management decision-making in ecologically sensitive areas. – Biological Invasions 16: 1915–1927.

Robertson, I. 1998. Survey of predation by domestic cats. – Australian Veterinary Journal 76: 551–554.

Silva-Rodriguez, E.A. & Sieving, K.E. 2011. Influence of care of domestic carnivores on their predation on vertebrates. – Conservation Biology 25: 808–815.

Svensson. S. 1996. Huskattens predation på fåglar i Sverige. – Ornis Svecica 6: 127–130.

Thomas, R.L. et al. 2012. Spatio-temporal variation in predation by urban domestic cats (*Felis catus*) and the acceptability of possible management actions in the UK. – PLoS ONE 7: e49369.

Thomas, R.L. et al. 2014. Ranging characteristics of the domestic cat (*Felis catus*) in an urban environment. – Urban Ecosystems 17: 911–921.

DIE ROLLIGE KATZE

Natoli, E. et al. 2000. Mate choice in the domestic cat (*Felis silvestris catus* L.). – Aggressive Behavior 26: 455–465.

Pontier, D. & Natoli E. 1999. Infanticide in rural male cats (*Felis catus* L.) as a reproductive mating tactic. – Aggressive Behavior 25: 445–449.

Say, L. et al. 1999. High variation in multiple paternity of domestic cats (*Felis catus* L.) in relation to environmental conditions. – Proceedings of the Royal Society of London, Series B 266: 2071–2074.

Say, L. et al. 2001. Influence of oestrus synchronization on male reproductive success in the domestic cat (*Felis catus* L.). – Proceedings of the Royal Society of London, Series B 268: 1049–1053.

DIE SINNE DER KATZE

DAS GEDÄCHTNIS DER KATZE

Fiset, S. & Doré, F.Y. 2006. Duration of cats' (*Felis catus*) working memory for disappearing objects. – Animal Cognition 9: 62–70.

Kraus, C. et al. 2014. Distractible dogs, constant cats? A test of the distraction hypothesis in two domestic species. – Animal Behaviour 93: 173–181.

HÖRT DEINE KATZE AUF DICH?

McComb, K. et al. 2014. Elephants can determine ethnicity, gender, and age from acoustic cues in human voices. – Proceedings of the National Academy of Sciences of the United States of America 111: 5433–5438.

Merola, I. et al. 2015. Social referencing and cat–human communication. – Animal Cognition 18: 639–648.

Mills, D.S. et al. 2000. Evaluation of the welfare implications and efficacy of an ultrasonic 'deterrent' for cats. – Veterinary Record 147: 678–680.

Potter, A. & Mills, D.S. 2015. Domestic cats (*Felis silvestris catus*) do not show signs of secure attachment to their owners. – PLoS ONE 10: e0135109.

Saito, A. & Shinozuka, K. 2013. Vocal recognition of owners by domestic cats (*Felis catus*). – Animal Cognition 16: 685–690.

DIE LAUTE DER KATZE

Frazer Sissom, D.E. et al. 1991. How cats purr. – Journal of Zoology 223: 67–78.

McComb, K. et al. 2009. The cry embedded within the purr. – Current Biology 19: 507–508.

Nicastro, N. & Owren, M.J. 2003. Classification of domestic cat (*Felis catus*) vocalizations by naive and experienced human listeners. – Journal of Comparative Psychology 117: 44–52.

DER GERUCHSSINN DER KATZE

Nakabayashi, M. et al. 2012. Do faecal odours enable domestic cats (*Felis catus*) to distinguish familiarity of the donors? – Journal of Ethology 30: 325–329.

Salazar, I. et al. 1996. The vomeronasal organ of the cat. – Journal of Anatomy 188: 445–454.

Staples L.G. et al. 2008. Rats discriminate individual cats by their odor: Possible involvement of the accessory olfactory system. – Neuroscience & Biobehavioral Reviews 32: 1209–1217.

CATWALK

Bishop, K.L. et al. 2008. Whole body mechanics of stealthy walking in cats. – PLoS ONE 3: e3808.

Gálvez-López, E. et al. 2011. The search for stability on narrow supports: An experimental study in cats and dogs. – Zoology 114: 224–232.

DAS VERHALTEN DER KATZE

URINMARKIERUNGEN

Borchelt, P.L. & Voith, V.L. 1982. Diagnosis and treatment of elimination behavior problems in cats. – Veterinary Clinics of North America: Small Animal Practice 12: 673–681.

Feldman, H.N. 1994. Methods of scent marking in the domestic cat. – Canadian Journal of Zoology 72: 1093–1099.

Mellen, J.D. 1993. A comparative analysis of scent-marking, social and reproductive behavior in 20 species of small cats (*Felis*). – American Zoologist 33: 151–166.

Ruiz-Olmo, J. et al. 2013. Substrate selection for urine spraying in captive wildcats. – Journal of Zoology 290: 143–150.

YEON

Yeon, S.C. et al. 2011. Differences between vocalization evoked by social stimuli in feral cats and house cats. – Behavioural Processes 87: 183–189.

DIE KATZE KRATZT

Feldman, H.N. 1994. Methods of scent marking in the domestic cat. – Canadian Journal of Zoology 72: 1093–1099.

Mengoli, M. et al. 2013. Scratching behaviour and its features: A questionnaire-based study in an Italian sample of domestic cats. – Journal of Feline Medicine and Surgery 15: 886–892.

SCHWÄNZCHEN IN DIE HÖH'

Cafazzo, S. & Natoli, E. 2009. The social function of tail up in the domestic cat (*Felis silvestris catus*). – Behavioural Processes 80: 60–66.

WO WILL DIE KATZE GESTREICHELT WERDEN?

Ellis, S.L.H. et al. 2014. The influence of body region, handler familiarity and order of region handled on the domestic cat's response to being stroked. – Applied Animal Behaviour Science. http://dx.doi.org/10.1016/j.applanim.2014.11.002

Gourkow, N. & Fraser, D. 2006. The effect of housing and handling practices on the welfare, behaviour and selection of domestic cats (*Felis sylvestris catus*) by adopters in animal shelter. – Animal Welfare 15: 371–377.

Soennichsen, S. & Chamove, A.S. 2002. Responses of cats to petting by humans. – Anthrozoös 15: 258–265.

HAARBALLEN

Cannon, M. 2013. Hair balls in cats: A normal nuisance or a sign that something is wrong? – Journal of Feline Medicine and Surgery 15: 21–29.

DIE FELLPFLEGE

Curtis, T.M., et al. 2003. Influence of familiarity and relatedness on proximity and allogrooming in domestic cats (*Felis catus*). – American Journal of Veterinary Research 64: 1151–1154.

Eckstein, R.A. & Hart, B.L. 2000. The organization and control of grooming in cats. – Applied Animal Behaviour Science 68: 131–140.

Randall, W. 1988. Grooming reflexes in the cat: Endocrine and pharmacological studies. – Annals of New York Academy of Sciences 525: 301–320.

van den Bos, R. 1998. The function of allogrooming in domestic cats (*Felis silvestris catus*): A study in a group of cats living in confinement. – Journal of Ethology 16: 1–13.

van den Bos, R. 1998. Post-conflict stress-response in confined group-living cats (*Felis silvestris catus*). – Applied Animal Behaviour Science 59: 323–330.

DAS TEMPERAMENT DER KATZE

GEBORGENES AUFWACHSEN

Lowe, S.E. & Bradshaw, J.W.S. 2002. Responses of pet cats to being held by an unfamiliar person, from weaning to three years of age. – Anthrozoös 15: 69–79.

McCune, S. 1995. The impact of paternity and early socialisation on the development of cats' behaviour to people and novel objects. – Applied Animal Behaviour Science 45: 109–124.

DAS CHARISMA DER KATZE

Gartner, M.C. & Weiss, A. 2013. Personality in felids: A review. – Applied Animal Behaviour Science 144: 1–13.

Gartner, M.C. et al. 2014. Personality structure in the domestic cat (*Felis silvestris catus*), Scottish wildcat (*Felis silvestris grampia*), clouded leopard (*Neofelis nebulosa*), snow leopard (*Panthera uncia*), and African lion (*Panthera leo*): A comparative study. – Journal of Comparative Psychology 128: 414–426.

Gosling, S.D. & Bonnenburg, A.V. 1998. An integrative approach to personality research in anthrozoology: Ratings of six species of pets and their owners. – Anthrozoös 11: 148–156.

Lee, C.M. et al. 2007. Personality in domestic cats. – Psychological Reports 100: 27–29.

AGGRESSIVE KATZEN

Amat, M. et al. 2009. Potential risk factors associated with feline behaviour problems. – Applied Animal Behaviour Science 121: 134–139.

Bain, M. & Stelow, E. 2014. Feline aggression toward family members: A guide for practitioners. – Veterinary Clinics of North America: Small Animal Practice 44: 581–597.

Crowell-Davis, S.L. et al. 1997. Social behaviour and aggressive problems of cats. – Veterinary Clinics of North America: Small Animal Practice 27: 549–568.

Luescher, U.A. et al. 1991. Stereotypic or obsessive-compulsive disorders in dogs and cats. – Veterinary Clinics of North America: Small Animal Practice 21: 401–413.

Palacio, J. et al. 2007. Incidence of and risk factors for cat bites: A first step in prevention and treatment of feline aggression. – Journal of Feline Medicine and Surgery 9: 188–195.

Reisner, I.R. et al. 1994. Friendliness to humans and defensive aggression in cats: The influence of handling and paternity. – Psychology & Behavior 55: 1119–1124.

DAS TIERHEIM

Broadley, H.M. et al. 2014. Effect of single-cat versus multi-cat home history on perceived behavioral stress in domestic cats (*Felis silvestris catus*) in an animal shelter. – Journal of Feline Medicine and Surgery 16: 137–143.

Delgado, M.M. et al. 2012. Human perceptions of coat color as an indicator of domestic cat personality. – Anthrozoos 25: 427–440.

Eriksson, P. et al. 2009. A survey of cat shelters in Sweden. – Animal Welfare 18: 283–288.

Gouveia, K. et al. 2011. The behaviour of domestic cats in a shelter: Residence time, density and sex ratio. – Applied Animal Behaviour Science 130: 53–59.

Hirsch, E.N. et al. 2014. Swedish cat shelters: A descriptive survey of husbandry practices, routines and management. – Animal Welfare 23: 411–421.

Loberg, J. & Lundmark, F. 2013. Grupphållning av katt: Hur påverkar golvyta per katt katternas beteende i stabila, större grupper? Slutrapport till Jordbruksverket. Dnr 31–4662/10.

Scheller, A. 2013. Black cats less than half as likely to be adopted as gray cats. – Huffington Post, 21. Oktober 2013.

Stelow, E.A. et al. 2015. The relationship between coat color and aggressive behaviors in the domestic cat. – Journal of Applied Animal Welfare Science. doi: 10.1080/10888705.2015.10081820

Vinke, C.M. et al. 2014. Will a hiding box provide stress reduction for shelter cats? – Applied Animal Behaviour Science 160: 86–93.

DIE KATZE IST KRANK

Berdoy, M. et al. 2000. Fatal attraction in rats infected with *Toxoplasma gondii*. – Proceedings of the Royal Society, London, Series B 267: 1591–1594.

Brondani, J.T. et al. 2011. Refinement and initial validation of a multidimensional composite scale for use in assessing acute postoperative pain in cats. – American Journal of Veterinary Research 72: 174–183.

Kuiken, T. et al. 2004. Avian H5N1 influenza in cats. – Science 306: 241.

Natoli, E. et al. 2005. Bold attitude makes male urban feral domestic cats more vulnerable to Feline Immunodeficiency Virus. – Neuroscience & Biobehavioral Sciences 29: 151–157.

Rochlitz, I. 2003. Study of factors that may predispose domestic cats to road traffic accidents: Part 1. – Veterinary Record 153: 549–553.

Rochlitz, I. 2004. The effects of road traffic accidents on domestic cats and their owners. – Animal Welfare 13: 51–55.

Zeiler, G.E. et al. 2014. Assessment of behavioural changes in domestic cats during short-term hospitalisation. – Journal of Feline Medicine and Surgery 16: 499–503.

DIE KATZE UND DER MENSCH

WIE HUND UND KATZE

Feuerstein, N. & Terkel, J. 2008. Interrelationships of dogs (Canis familiaris) and cats (Felis catus L.) living under the same roof. – Applied Animal Behaviour Science 113: 150–165.

Silvestro, D. et al. 2015. The role of clade competition in the diversification of North American canids. – Proceedings of the National Academy of Sciences of the United States of America 112: 8684–8689.

DER EINFLUSS DER KATZE AUF UNSERE GESUNDHEIT

Burnham, D. et al. 2002. What's new pussy-cat? On talking to babies and animals. – Science 296: 1435.

Edney, A.T.B. 1992. Companion animals and human health. – Veterinary Records 130: 285–287.

Edney, A.T. 1994. Companion animals and human health: An overview. – Journal of the Royal Society of Medicine 88: 704–708.

Friedmann, E. & Thomas, S.A. 1995. Pet ownership, social support, and one-year survival after acute myocardial infarction in the Cardiac Arrhythmia Suppression Trial (cast). – American Journal of Cardiology 76: 1213–1217.

Leigh, D. 1966. The psychology of the pet owner. – Journal of Small Animal Practice 7: 517–522.

Mathers, M. et al. 2010. Pet ownership and adolescent health: Cross-sectional population study. – Journal of Paediatrics and Child Health 46: 729–735.

Mertens, C. 1995. The human–cat relationship. – Tierärztliche Umschau 50: 71–75.

Myrick, J.G. 2015. Emotion regulation, procrastination, and watching cat videos online: Who watches Internet cats, why, and to what effect? – Computers in Human Behavior 52: 168–176.

Nittono, H. et al. 2012. The power of Kawaii: Viewing cute images promotes a careful behavior and narrows attentional focus. – PLoS ONE 7: e46362.

Serpell, J. 1991. Beneficial effects of pet ownership on some aspects of human health and behaviour. – Journal of the Royal Society of Medicine 84: 717–720.

Stammbach, K.B. & Turner, D.C. 1999. Understanding the human-cat relationship: Human social support or attachment. – Anthrozoös 12: 162–168.

Zasloff, R.L. & Kidd, A.H. 1994. Attachment to feline companions. – Psychological Reports 74: 747–752.

DIE GESUNDHEIT UND DAS WOHLBEFINDEN DER KATZE

Bradshaw, J.W.S. & Casey, R.A. 2007. Anthropomorphism and anthropocentrism as influences in the quality of life of companion animals. – Animal Welfare 16: 149–154.

Chartrand, T.L. et al. 2008. Automatic effects of anthropomorphized objects on behavior. – Social Cognition 26: 198–209.

Crowell-Davis, S.L. 2008. Motivation for pet ownership and its relevance to behavior problems. – Compendium 30: 423–428.

Gelberg, H.B. 2013. Diagnostic exercise: Sudden behavior change in a cat. – Veterinary Pathology 50: 1156–1157.

Heidenberger, E. 1997. Housing conditions and behavioural problems of indoor cats as assessed by their owners. – Applied Animal Behaviour Science 52: 345–364.

Jongman, E.C. 2007. Adaptation of domestic cats to confinement. – Journal of Veterinary Behavior 2: 193–196.

Kienzle, E. & Bergler, R. 2006. Human-animal relationship of owners of normal and overweight cats. – Journal of Nutrition 136: 1947–1950.

Lowe, S.E. & Bradshaw, J.W.S. 2001. Ontogeny of individuality in the domestic cat in the home environment. – Animal Behaviour 61: 231–237.

Piccione, G. et al. 2013. Daily rhythm of total activity pattern in domestic cats (*Felis silvestris catus*) maintained in two different housing conditions. – Journal of Veterinary Behavior 8: 189–194.

Rochlitz, I. 2005. A review of the housing requirements of domestic cats (*Felis silvestris catus)* kept in the home. – Applied Animal Behaviour Science 93: 97–109.

Schultz, S. 2000. Pets and their humans. Domesticated animals have evolved to make their desires known. – U.S. News & World Report 129: 53–55.

Sonntag, Q. & Overall, K.L. 2014. Key determinants of dog and cat welfare: Behaviour, breeding and household lifestyle. – Revue Scientifique et Technique 33: 213–220.

Turner, D.C. et al. 1986. Variation in domestic cat behaviour towards humans: A paternal effect. – Animal Behaviour 34: 1890–1892.

Wedl, M. et al. 2011. Factors influencing the temporal patterns of dyadic behaviours and interactions between domestic cats and their owners. – Behavioural Processes 86: 58–67.

Wemelsfelder, F. 2007. How animals communicate quality of life: The qualitative assessment of behaviour. – Animal Welfare 16: 25–31.

Wiseman, R. et al. 1998. Can animals detect when their owners are returning home? An experimental test of the 'psychic pet' phenomenon. – British Journal of Psychology 89: 453–462.

DIE KATZE IN IHREM ZUHAUSE

WENN DIE KATZE WÄHLEN DARF

Bradshaw, J.W.S. & Cook, S.E. 1996. Patterns of pet cat behaviour at feeding occasions. – Applied Animal Behaviour Science 47: 61–74.

Bradshaw, J.W.S. et al. 1996. Food selection by the domestic cat, an obligate carnivore. – Comparative Biochemistry and Physiology 114A: 205–209.

Bradshaw, J.W.S. et al. 2000. Differences in food preferences between individuals and populations of domestic cats *Felis silvestris catus*. – Applied Animal Behaviour Science 68: 257–268.

Church S.C. et al. 1996. Frequency-dependent food selection by domestic cats: A comparative study. – Ethology 102: 495–509.

MacDonald, M.L. et al. 1984. Nutrition of the domestic cat, a mammalian carnivore. – Annual Review of Nutrition 4: 521–562.

Mongillo, P. et al. 2012. Successful treatment of abnormal feeding behavior in a cat. – Journal of Veterinary Behavior 7: 390–393.

Wei, A. et al. 2011. Effect of water content in a canned food on voluntary food intake and body weight in cats. – American Journal of Veterinary Research 72: 918–923.

DIE TRINKENDE KATZE

Reis, P.M. et al. 2010. How cats lap: Water uptake by *Felis catus*. – Science 330: 1231–1234.

DIE KATZENSTREU

Borchelt, P.L. 1991. Cat elimination behavior problems. – Veterinary Clinics of North America: Small Animal Practice 21: 257–264.

Cottam, N. & Dodman, N.H. 2007. Effect of an odor eliminator on feline litter box behavior. – Journal of Feline Medicine and Surgery 9: 44–50.

Horwitz, D.F. 1997. Behavioral and environmental factors associated with elimination behavior problems in cats: A retrospective study. – Applied Animal Behaviour Science 52: 129–137.

Neilson, J. 2004. Thinking outside the box: Feline elimination. – Journal of Feline Medicine and Surgery 6: 5–11.

DAS KATZENKLO

Grigg, E.K. et al. 2013. Litter box preference in domestic cat: Covered versus uncovered. – Journal of Feline Medicine and Surgery 15: 280–284.

Guy, N.C. et al. 2014. Litterbox size preference in domestic cats (Felis catus). – Journal of Veterinary Behavior 9: 78–82.

DAS SPIELVERHALTEN

Strickler, B.L. & Shull, E.A. 2014. An owner survey of toys, activities, and behavior problems in indoor cats. – Journal of Veterinary Behavior 9: 207–214.

West, M.J. 1977. Exploration and play with objects in domestic kittens. – Developmental Psychobiology 10: 53–57.

Bildnachweise

COVERFOTO

Shutterstock

FOTOS COVERRÜCKSEITE

Shutterstock, Vicky Burton,

Bo Söderström

VICKY BURTON

(CC BY-SA 2.0 https://creative-commons.org/licenses/by-sa/2.0/)
208–209

NIELS HARTVIG

(CC BY-SA 2.0 https://creativecom-mons.org/licenses/by-sa/2.0/) 47

HSJC, HSJC-WIS.COM

(CC BY 2.0 https://creativecommons.org/licenses/by/2.0/) 142

JENNIFER MACNEILL 89

ANDERS RÅDÉN 12–13, 20, 38, 39, 50,
54, 67, 73, 84, 90, 97, 107, 110, 151, 160,
174, 193, 202

WILLIE VAN SCHALKWYK 16

SHUTTERSTOCK 9, 30, 33, 36, 52–53,
64, 76, 82, 93, 100, 104, 113, 114, 118, 123,
132, 136, 145, 148, 156, 182, 187, 190, 197,
200

BO SÖDERSTRÖM 41, 71, 126, 164, 177

LINDA TANNER

(CC BY 2.0 https://creativecommons.org/licenses/by/2.0/) 25

STEFAN TELL 4

Register

ISBN: 978-3-948230-10-4
1. deutschsprachige Ausgabe, 1. Auflage 2019
© 2019 Mentor Verlag, Berlin, Deutschland
Alle Rechte vorbehalten
www.mentor-verlag.de

Du hast Fragen, Ideen oder Anregungen?
Melde dich per Mail bei uns: service@mentor-verlag.de
Wir freuen uns!

Übersetzung aus dem Schwedischen: Gesa Louise Füßle

Schwedischer Originaltitel: „Hur tänker din katt?"
ISBN: 978-91-7424-534-9

© 2016 Bonnier Fakta, Stockholm, Schweden
© 2016 Bo Söderström, Text
© 2016 Anders Rådén, Illustrationen

Veröffentlicht in deutscher Sprache nach Absprache mit
Bonnier Rights, Stockholm, Schweden.

Druck und Bindung: Balto Print, Litauen

❖ ❖ ❖ Danke ❖ ❖ ❖

Vor allem will ich meinen Kindern Love und Alicia sowie meiner Frau Katarina Andreasen für den freundlichen Zuspruch und die Unterstützung danken, als ich in der Schreibblase saß. Katarina hat viele gute Vorschläge für die Verbesserung des Textes gemacht. Ein riesiges Dankeschön! Unsere drei Katzen Sepia, Chai und Simba haben mir vor – und auf – dem Computer Gesellschaft geleistet. Sie haben mir auch mitgeteilt, wann es Zeit für eine Schreibpause war. Alle drei Katzen sind im Buch abgebildet: die Burmakatze Sepia auf Seite 164, die Burmakatze Chai auf Seite 71 und die Mischrassenkatze Simba auf Seite 41. Anders Rådén hat die schlichten und genauen Illustrationen angefertigt. Ein großer Dank geht auch an meinen Verleger Martin Ransgart, die Redakteurin Maria Ulaner und die Layouterin Eva Lindeberg. Es war mir ein Vergnügen, mit euch allen zusammenzuarbeiten.